建设工程质量检测人员培训丛书

胡贺松　丛书主编

建设工程检测实验室管理

梅爱华　主　编

黄翠华　副主编

中国建筑工业出版社

图书在版编目（CIP）数据

建设工程检测实验室管理 / 梅爱华主编；黄翠华副
主编. -- 北京 ：中国建筑工业出版社, 2025. 5.
(建设工程质量检测人员培训丛书 / 胡贺松主编).
ISBN 978-7-112-31151-4

Ⅰ. TU712-33

中国国家版本馆 CIP 数据核字第 2025HX7008 号

责任编辑：杨　允

责任校对：芦欣甜

建设工程质量检测人员培训丛书

胡贺松　丛书主编

建设工程检测实验室管理

梅爱华　主　编

黄翠华　副主编

＊

中国建筑工业出版社出版、发行（北京海淀三里河路 9 号）

各地新华书店、建筑书店经销

国排高科（北京）人工智能科技有限公司制版

廊坊市文峰档案印务有限公司印刷

＊

开本：787 毫米×1092 毫米　1/16　印张：5¼　字数：125 千字

2025 年 7 月第一版　　2025 年 7 月第一次印刷

定价：28.00 元

ISBN 978-7-112-31151-4

（44698）

丛 书 编 委 会

主　　编：胡贺松

副 主 编：刘春林　　孙晓立

编　　委：刘炳凯　　梅爱华　　罗旭辉　　杨勇华　　宋雄彬

　　　　　李祥新　　邢宇帆　　张宪圆　　余佳琳　　李　昂

　　　　　张　鹏　李　淼

本书编委会

主　　编：梅爱华

副 主 编：黄翠华

编　　委：刘淑波　崔　皓　成永春　吴晓婷　梁　南
　　　　　刘辉廷

　　建设工程质量检测监测，乃现代工程建设之命脉，承载着守护工程安全与品质之重任。随着建造技术革新浪潮奔涌、材料与工艺迭代日新月异，检测行业亦面临前所未有的挑战与机遇。检测工作不仅需为工程全生命周期提供精准数据支撑，更需以创新之力推动行业向绿色化、智能化、标准化纵深发展。在此背景下，培养兼具理论素养与实践能力的专业人才，实为行业高质量发展的关键基石。

　　"建设工程质量检测人员培训丛书"应势而生。此丛书由广州市建筑科学研究院集团有限公司倾力编纂，凝聚四十余载技术积淀，博采行业前沿成果，体系严谨、内容丰实。丛书十二分册，涵盖建筑材料、主体结构、节能幕墙、市政道路、桥梁地下工程等核心领域，更兼实验室管理与安全监测等专项内容，既立足基础，又紧扣时代脉搏。尤为可贵者，各分册编写皆以"问题导向"为纲，如《主体结构及装饰装修检测》聚焦施工质量隐患诊断，《工程安全监测》剖析风险预警技术，《建筑节能检测》则直指"双碳"目标下的绿色建筑评价体系。凡此种种，皆彰显丛书对行业痛点的精准回应与前瞻引领。

　　丛书之价值，尤在其"知行合一"的编撰理念。检测工作绝非纸上谈兵，须以理论为帆，以实践为舵。书中每一章节以现行标准为导向，辅以数据图表与操作流程详解，使晦涩标准化为生动指南。编写团队更汇集数位资深专家，其笔锋既透学术之严谨，又蕴实战之智慧。

　　"工欲善其事，必先利其器"。此丛书之意义，非止于知识传递，更在于精神传承。书中字里行间，浸润着编者"精益求精、守正创新"的行业匠心。冀望读者持此卷为舟楫，既夯实检测技术之根基，亦淬炼科学思维之锐度，以专业之力筑牢工程品质长城，以敬畏之心守护万家灯火安然。愿此书成为检测同仁案头常备之典，助力中国建造迈向更高、更远、更强之境。

　　是为序。

博士、教授级高工

前　言

FOREWORD

根据中华人民共和国住房和城乡建设部颁布的《建设工程质量检测机构资质标准》（建质规〔2023〕1号）的相关规定，建设工程质量检测机构资质分为两个类别，即综合资质和专项资质，其中专项资质共分为建筑材料及构配件、主体结构及装饰装修、钢结构、地基基础、建筑节能、建筑幕墙、市政工程材料、道路工程、桥梁及地下工程9个专项。

本书共8章，简单介绍了建设工程质量检测的发展历程、检测基础知识以及检测机构管理要求。检测基础知识部分介绍了建设工程质量检测常用术语、法定计量单位、数据修约规则、误差和测量不确定度、量值溯源五个方面的知识。检测机构管理要求部分从管理体系的技术要素和管理要素两个方面进行了介绍。技术要素包括人员、环境和设备；管理要素按照检测工作发展顺序依次介绍了合同评审、检测工作分包、样品管理、检测方法、记录、结果报告、检测结果质量控制、文件控制、购买的服务和供应品、纠正措施与应对风险和机遇的措施、内部审核、管理评审等共12个方面的检测管理要求。与建设工程质量检测工作密切相关的法律法规等文件全文抄录在附录中。全书由梅爱华、黄翠华、刘淑波、崔皓、成永春、吴晓婷、梁南、刘辉廷编写，梅爱华统稿。

本书编写人员结合了多年实验室管理工作经验，总结了作为一名建设工程检测人员应知应会的行业发展历程，计量基础知识，检测工作中环境、人员、设备的要求，其他管理体系运行要素的要求及常见问题等内容，目的在于给检测人员补充校园内和检测方法标准中不能获得而从事检测工作必须掌握的知识，从而实现对检测人员的检测基本知识和检测行业管理要求扫盲的作用，为规范检测人员的检测行为打下基础，为检测机构提升检测人员基本素养提供参考。

本书特别感谢丛书主编胡贺松教授级高级工程师的策划、组织和指导，本书的编写工作还得到了有关领导、专家的大力支持和帮助，并提出了宝贵意见，感谢所有为本书编写提供专业建议和技术支持的专家学者。

由于编者水平有限和编写时间仓促，书中难免存在不足之处，恳请广大读者批评指正，欢迎反馈宝贵意见和建议。

目　录
CONTENTS

第 1 章　建设工程质量检测行业发展历程 ·················· 1

第 2 章　常用术语和定义 ·················· 3

第 3 章　法定计量单位 ·················· 5

　　3.1　国际单位制计量单位 ·················· 5

　　3.2　国家选定的非国际单位制单位 ·················· 6

　　3.3　用于构成十进倍数和分数单位的词头 ·················· 7

第 4 章　数据修约规则 ·················· 8

　　4.1　数据修约的五个规则 ·················· 8

　　4.2　修约间隔 ·················· 8

　　4.3　有效数字概念 ·················· 9

　　4.4　有效数字的读取 ·················· 9

第 5 章　误差和测量不确定度 ·················· 10

　　5.1　误差 ·················· 10

　　5.2　测量结果的不确定度 ·················· 11

第 6 章　量值溯源 ·················· 12

　　6.1　量值溯源的目的和方式 ·················· 12

　　6.2　校准和检定差异 ·················· 12

第 7 章　管理体系的技术要素 ·················· 13

　　7.1　人员 ·················· 13

　　7.2　场所环境 ·················· 16

　　7.3　设备设施 ·················· 17

第 8 章　管理体系的管理要素 ·················· 19

　　8.1　合同评审 ·················· 19

　　8.2　检测工作分包 ·················· 19

8.3 样品管理 ································· 20

8.4 检测方法 ································· 21

8.5 记录 ···································· 22

8.6 结果报告 ································· 23

8.7 检测结果的质量控制 ·························· 24

8.8 文件控制 ································· 24

8.9 购买的服务和供应品 ·························· 25

8.10 纠正措施与应对风险和机遇的措施 ················· 25

8.11 内部审核 ································ 26

8.12 管理评审 ································ 27

附录 1 中华人民共和国计量法实施细则 ················· 29

附录 2 建设工程质量管理条例 ····················· 35

附录 3 建设工程质量检测管理办法 ··················· 44

附录 4 建设工程质量检测机构资质标准 ················· 50

附录 5 建设工程抗震管理条例 ····················· 52

附录 6 中华人民共和国认证认可条例 ·················· 58

附录 7 检验检测机构资质认定管理办法 ················· 66

附录 8 检验检测机构监督管理办法 ··················· 71

第1章

建设工程质量检测行业发展历程

　　建设工程质量检测的行业发展离不开社会发展，为了适应我国社会经济的变革，行业不断地在体制、管理方式、主体责任、监管方法等方面进行改革。随着我国经济的高速发展，信息化管理系统及智能化检测的引入，使得工程质量检测工作面临更多的挑战，对从业人员素质提出了更高的要求，对管理者的管理方法也有了更新的定义。

　　在20世纪80年代初期，社会生产力得到了充分释放，人们最先要解决的就是吃穿住的问题，大规模的民生住宅基建项目应运而生。那时我们国家实行高度集中的计划经济体制，公有制是社会经济的主体，施工任务由政府按计划和行政区域直接下达给施工企业，建筑材料均由政府按需调拨。由于业主、施工单位和材料供应商都是政府，因此，施工各方责任和利益一致，工程质量主要靠施工人员的经验和责任心。但由于当时各个行业各项生产技术都在起步阶段，建筑材料品种少，质量差，伴随着基建项目的展开，施工安全质量问题层出不穷，基于这个社会背景，部分施工单位自发地建立了内部研究所，目的是解决在施工过程中碰到的难题，如地基问题、混凝土强度问题等，同时它也成为工程建设过程中主要质量保证机构。这个时期的检测机构作为第一方的实验室，缺乏独立性，检测数据公正性受到质疑，且受到当时物质条件的限制，检测内容单一、检测手段和方法相对简单，主要解决安全问题、强度问题。

　　在20世纪80年代后期到90年代后期，随着改革开放的不断深入，市场经济体制逐渐在各行各业推行，工程建设活动也发生了一系列重大的变化，投资主体由单一政府投资转向外资、民间资本和政府三个大的板块，建设工程行业的各参建方都有各自的利益追求，不再受政府的统一调配，在选择施工单位、材料供应商等方面有了更多自主权。在这种格局下，原有的建设管理体制不再适应新的市场模式。施工过程中粗制滥造、偷工减料的现象屡见不鲜，为了更好地保证工程质量，减少重大工程安全事故，作为第三方的建设工程质量检测行业呼之欲出。1985年城乡建设环境保护部和国家标准局联合颁发了《建筑工程质量监督条例（试行）》《关于建立"建筑工程质量检测中心"的通知》《建筑工程质量检测工作规定》（城建字〔85〕第580号）等政策性文件，对建筑工程质量检测工作作出了明确的规定：检测机构应按照行政区域进行设置，分为国家级、省级、市级和县级检测机构。同时，1985年国务院颁布的《中华人民共和国计量法》、1987年国家计量局发布《中华人民共和国计量法实施细则》（详见附录1）对如何规范检验机构作出了明确的规定。这次改革后，工程检测行业中为社会提供公证数据的机构都要经省级以上计量行政部门对设备性能情况、人员能力、测试环境及保证数据可靠性等进行考核。

　　设在质量监督机构中的检测机构没有独立法人地位，无法为出具错误甚至虚假报告承担相应民事法律责任和赔偿责任，且在监督过程中从事营利性检测活动，这种"既当运动员，又当裁判员"的检测活动，容易产生行政腐败，不利于工程质量责任的落实，影响第三方检测机构的发展。

2000年1月30日国务院颁布了《建设工程质量管理条例》（详见附录2），明确了建设工程质量检测工作的地位和作用，为进一步改革和完善我国建设工程质量管理体制明确了方向。2005年11月1日，建设部颁布了《建设工程质量检测管理办法》（建设部令第141号），为建设工程质量检测的监督管理工作提供了依据。市场化的第三方检测机构如雨后春笋般发展起来。

近年来，随着建筑业快速发展，建设工程质量检测行业逐渐壮大，检测技术不断创新。同时，检测机构业务超资质运行、检测责任主体覆盖不全、检测机构信息化应用水平低、违法违规成本低等问题日益凸显。部分检测机构恶性竞争、竞相压价，甚至违规出具虚假检测报告，给工程埋下了质量隐患。2022年12月29日，住房和城乡建设部颁布了《建设工程质量检测管理办法》（住房和城乡建设部令第57号）（以下简称《管理办法》，详见附录3），首次提出了检测机构资质分为综合类资质和专项类资质，同时提出了建立信息化管理系统的要求。《管理办法》从调整建设工程质量检测范围、强化资质动态管理、规范建设工程质量检测活动、完善建设工程质量检测责任体系、提高数字化应用水平、加强政府监督管理、加大违法违规行为处罚力度等多个方面进一步强化建设工程质量检测管理，维护建设工程质量检测市场秩序，规范建设工程质量检测行为，促进建设工程质量检测行业健康发展，保障建设工程质量安全。

2023年3月31日，住房和城乡建设部印发了《建设工程质量检测机构资质标准》（建质规〔2023〕1号）（以下简称《资质标准》，详见附录4），《资质标准》为贯彻落实《建设工程质量检测管理办法》的配套文件，从机构资历与信誉、人员、设备及场所、检测能力、管理水平等方面规定了综合资质标准和专项资质标准。《资质标准》从调整检测资质分类、强化检测参数评审、提高技术人员要求、加强设备场所考核、提高检测数字化应用等多个方面进行详细规定。

建设工程质量检测机构资质管理工作将逐步由市场监督总局转移到住房和城乡建设部。后续全国各省市将制定相关文件落实《管理办法》《资质标准》的规定，管理辖区范围内的建设工程质量检测机构资质。

第 2 章

常用术语和定义

（1）检验检测机构资质认定［China Metrology Approval（CMA）］：又称为中国计量认证，指依照《检验检测机构资质认定管理办法》的相关规定，由市场监督管理部门依照法律、行政法规规定，对向社会出具具有证明作用的数据、结果的检验检测机构的基本条件和技术能力是否符合法定要求实施的评价许可。在我国只有取得资质认定证书的检验检测机构，才允许在其证书范围内出具的检验检测报告上使用 CMA 章。（引自国家市场监督管理总局 2023 年发布的《检验检测机构资质认定评审准则》第三条）

（2）质量管理体系：为实施质量管理所需的组织结构、程序、过程和资源。

（3）质量手册：组织的质量管理体系的规范。（引自 GB/T 19000—2016 第 3.8.8 条）

（4）程序文件：为进行某项活动或过程所规定的途径。

（5）质量方针：由组织的最高管理者正式发布的该组织总的质量宗旨和方向。（引自 GB/T 19000—2016 第 3.5.8 和 3.5.9 条）

（6）质量目标：在质量方面所追求的目的，通常依据该组织的质量方针制定。（引自 GB/T 19000—2016 第 3.7.2 条）

（7）实验室间比对：按照预先规定的条件，由两个或多个实验室对相同或类似的物品进行测量或检测、鉴定的组织、实施和评价。（引自 GB/T 27025—2019 第 3.3 条）

（8）能力验证：由能力验证提供者组织，利用实验室间比对，按照预先制定的准则评价参加者的能力。（引自 GB/T 27025—2019 第 3.5 条）

（9）测量审核：一个参加者对被测物品（材料或制品）进行实际测试，将测试结果与参考值进行比较的活动。（引自 CNAS-RL01：2019 第 3.9 条）

（10）量值：由一个数乘以计量单位（测量单位）所表示的特定量的大小。（引自 JJF 1001—2011 第 3.20 条）

（11）计量：实现单位统一、量值准确可靠的活动。（引自 JJF 1001—2011 第 4.2 条）

（12）测量：通过实验获得并可合理赋予某量一个或多个量值的过程。（引自 JJF 1001—2011 第 4.1 条）

（13）量值传递：通过对测量仪器的校准或检定，将国家测量标准所实现的单位量值通过各等级的测量标准传递到工作测量仪器的活动，以保证测量所得的量值准确一致。（引自 JJF 1001—2011 第 9.60 条）

（14）量值溯源：通过一条具有规定不确定度的不间断的比较链，使测量结果或测量标准的值能够与规定的参考标准（通常是国家计量基准或国际计量基准）联系起来的特性。

（15）校准：在规定的条件下，用一个可参考的标准，对包括参考物质在内的测量器具的特性赋值，并确定其示值误差、不确定度等。

（16）检定：对国家强制检定的测量装置进行全面评定。

（17）数值修约：通过省略原数值的最后若干位数字，调整所保留的末尾数字，使最后所得到的值最接近原数值的过程。经数值修约后的数值称为（原数值的）修约值。（引自 GB/T 8170—2008 第 2.1 条）

（18）修约间隔：修约值的最小数值单位。例：指定修约间隔为 0.5，修约值应在 0.5 的整数倍中选取。（引自 GB/T 8170—2008 第 2.2 条）

（19）极限数值：标准（或技术规范）中规定考核的以数量形式给出且符合该标准（或技术规范）要求的指标数值范围的界限值。（引自 GB/T 8170—2008 第 2.3 条）

（20）测量不确定度：利用可获得的信息，表征赋予被测量量值分散性的非负参数。测量不确定度是与测量结果相关联的一个参数，用以表征合理地赋予被测量之值的分散性。通常用标准差（σ）表示。（引自 GB/T 27418—2017 第 3.1 条）

（21）标准不确定度：以标准差表示的测量不确定度。（引自 GB/T 27418—2017 第 3.2 条）

（22）不确定度的 A 类评定：对在规定测量条件下测得的量值用统计分析的方法进行的测量不确定度分量的评定。（引自 GB/T 27418—2017 第 3.3 条）

（23）不确定度的 B 类评定：用不同于测量不确定度 A 类评定的方法对测量不确定度分量进行的评定。评定标准不确定度的非统计分析方法。（引自 GB/T 27418—2017 第 3.4 条）

（24）合成标准不确定度：由在一个测量模型中各输入量的标准测量不确定度获得的输出量的标准测量不确定度。当结果由若干其他量得来时，按其他各量的方差和协方差算得的标准不确定度。（引自 GB/T 27418—2017 第 3.5 条）

（25）扩展不确定度：合成标准测量不确定度与一个大于 1 的数字因子的乘积。确定测量结果区间的量，期望测量结果以合理地赋予的较高置信水平包含在此区间内。（引自 GB/T 27418—2017 第 3.6 条）

（26）包含因子（覆盖因子、扩展因子）：为获得扩展不确定度，对合成标准不确定度所乘的大于 1 的数。（引自 GB/T 27418—2017 第 3.7 条）

包含因子（覆盖因子、扩展因子）k 的选择：$k = 2$ 时，对应的置信概率 $p = 95.45\%$；$k = 3$ 时，对应的置信概率 $p = 99.73\%$。对于普通的检测和校准实验室，如果没有特殊的要求，通常取包含因子 $k = 2$。

（27）置信水平（包含概率）：在规定的包含区间内包含被测量的一组值的概率。（引自 JJF 1001—2011 第 5.29 条）

第3章

法定计量单位

1959 年国务院发布《关于统一计量制度的命令》，确定米制为我国的基本计量制度。1984 年国务院颁发了《关于在我国统一实行法定计量单位的命令》，该命令中发布了《中华人民共和国法定计量单位》，我国法定计量单位的构成：国际单位制（SI）计量单位、国家选定的非国际单位制单位、以上两种单位构成的组合形式的单位、由词头和以上单位所构成的十进倍数和分数单位。

3.1 国际单位制计量单位

国际单位制计量单位包括 7 个基本单位、2 个辅助单位和 19 个具有专门名称的导出单位，见表 3.1-1、表 3.1-2。

国际单位制的基本单位　　　　　　　　　　　　　　　　表 3.1-1

序号	量的名称	单位名称	单位符号
1	长度	米	m
2	质量	千克	kg
3	时间	秒	s
4	电流	安［培］	A
5	热力学温度	开［尔文］	K
6	物质的量	摩［尔］	mol
7	发光强度	坎［德拉］	cd

国际单位制的辅助单位　　　　　　　　　　　　　　　　表 3.1-2

序号	量的名称	单位名称	单位符号
1	平面角	弧度	rad
2	立体角	球面度	sr

导出单位是由基本单位通过定义、定律或一定的关系式推导出来的单位。导出单位具有专门名称和符号，见表 3.1-3。

国际单位制中具有专门名称的导出单位　　　　　　　　　　表 3.1-3

序号	量的名称	单位名称	单位符号	其他表示示例
1	频率	赫［兹］	Hz	s^{-1}
2	力；重力	牛［顿］	N	$kg \cdot m/s^2$
3	压力，压强；应力	帕［斯卡］	Pa	N/m^2

序号	量的名称	单位名称	单位符号	其他表示示例
4	能量；功；热	焦［耳］	J	N·m
5	功率；辐射通量	瓦［特］	W	J/s
6	电荷量	库［仑］	C	A·s
7	电位；电压；电动势	伏［特］	V	W/A
8	电容	法［拉］	F	C/V
9	电阻	欧［姆］	Ω	V/A
10	电导	西［门子］	S	A/V
11	磁通量	韦［伯］	Wb	V·s
12	磁通量密度，磁感应强度	特［斯拉］	T	Wb/m^2
13	电感	亨［利］	H	Wb/A
14	摄氏温度	摄氏度	℃	
15	光通量	流［明］	lm	cd·sr
16	光照度	勒［克斯］	lx	lm/m^2
17	放射性活度	贝可［勒尔］	Bq	s^{-1}
18	吸收剂量	戈［瑞］	Gy	J/kg
19	剂量当量	希［沃特］	Sv	J/kg

3.2 国家选定的非国际单位制单位

国家选定的非国际单位制单位见表 3.2-1。

国家选定的非国际单位制单位　　　　　　　　　表 3.2-1

序号	量的名称	单位名称	单位符号	换算关系和说明
1	时间	分 小时 天（日）	min h d	1min = 60s 1h = 60min = 3600s 1d = 24h = 86400s
2	平面角	［角］秒 ［角］分 度	(″) (′) (°)	1″ =（π/648000）rad（π为圆周率） 1′ = 60″ =（π/10800）rad 1° = 60′ =（π/180）rad
3	旋转速度	转每分	r/min	$1r/min = (1/60) s^{-1}$
4	长度	海里	n mile	1n mile = 1852m（只用于航程）
5	速度	节	kn	1kn = 1n mile/h =（1852/3600）m/s （只用于航行）
6	质量	吨 原子质量单位	t u	$1t = 10^3kg$ $1u ≈ 1.6605655 × 10^{-27}kg$
7	体积	升	L,（1）	$1L = 1dm^3 = 10^{-3}m^3$
8	能	电子伏	eV	$1eV ≈ 1.6021892 × 10^{-19}$
9	级差	分贝	dB	
10	线密度	特［克斯］	tex	1tex = 1g/km

3.3　用于构成十进倍数和分数单位的词头

用于构成十进倍数和分数单位的词头见表 3.3-1。

用于构成十进倍数和分数单位的词头   表 3.3-1

序号	所表示的因数	词头名称	词头符号
1	10^{30}	昆［它］	Q
2	10^{27}	容［那］	R
3	10^{24}	尧［它］	Y
4	10^{21}	泽［它］	Z
5	10^{18}	艾［可萨］	E
6	10^{15}	拍［它］	P
7	10^{12}	太［拉］	T
8	10^{9}	吉［咖］	G
9	10^{6}	兆	M
10	10^{3}	千	k
11	10^{2}	百	h
12	10^{1}	十	da
13	10^{-1}	分	d
14	10^{-2}	厘	c
15	10^{-3}	毫	m
16	10^{-6}	微	μ
17	10^{-9}	纳［诺］	n
18	10^{-12}	皮［可］	p
19	10^{-15}	飞［母托］	f
20	10^{-18}	阿［托］	a
21	10^{-21}	仄［普托］	z
22	10^{-24}	幺［科托］	y
23	10^{-27}	柔［托］	r
24	10^{-30}	亏［科托］	q

注：1. 周、月、年（年的符号为 a），为一般常用时间单位。

2. ［ ］内的字，是在不致混淆的情况下，可以省略的字。

3. （ ）内的字为前者的同义。

4. 角度单位度分秒的符号不处于数字后时，用括弧。

5. 升的符号中，小写字母 l 为备用符号。

6. 旋转速度 r 为"转"的符号。

7. 人民生活和贸易中，质量习惯称为重量。

8. 公里为千米的俗称，符号为 km。

9. 10^{4} 称为万，10^{8} 称为亿，10^{12} 称为万亿，这类数词的使用不受词头名称的影响，但不应与词头混淆。

10. 2022 年 11 月，第 27 届国际计量大会通过决议，引入 4 个 SI 新词头 ronna、ronto、quetta、quecto，分别表示 10^{27}、10^{-27}、10^{30}、10^{-30}。

第 4 章

数据修约规则

检测数据修约依据的标准主要是《数值修约规则与极限数值的表示和判定》GB/T 8170—2008。

4.1 数据修约的五个规则

（1）拟舍弃数字的最左一位数字小于 5，则舍去，保留其余各位数字不变。

例：①将 12.1498 修约到个位数，得 12。

②将 12.1498 修约到一位小数，得 12.1。

（2）拟舍弃数字的最左一位数字大于 5，则进一，即保留数字的末位数加 1。

例：将 1268 修约到百位数，得 1300。

（3）拟舍弃数字的最左一位数字是 5，且其后有非 0 数字时进一，即保留数字的末位数加 1。

例：将 10.5002 修约到个位数，得 11。

（4）拟舍弃数字的最左一位数字是 5，且其后无数字或均为 0 时，若所保留的末位数字为奇数（1、3、5、7、9）则进一；若所保留的末位数字为偶数（0、2、4、6、8）则舍去。

例：①将 1.050 修约到一位小数，得 1.0。

②将 0.35 修约到一位小数，得 0.4。

③3500，修约间隔为 1000，得 4000。

（5）不允许连续修约

所拟舍弃的数字，若为两位以上数字时，不得连续进行多次修约，应根据所拟舍弃数字中左边第一个数字的大小，按上述规定一次修约出结果。

例：①修约 15.4546，修约间隔为 1，15.4546→15（正确）。

②修约 15.4546→15.455→15.46→15.5→16（错误）。

（6）数据修约规则简易记法

先确定保留位，确定修约间距；以保留位为 1，其后面数据修约规则如下：

四舍六入五凑偶，五后非零则进一，五后皆零视奇偶；五后皆零时，五前为偶应舍去，五前为奇则进一。

4.2 修约间隔

修约间隔又称修约区间，是确定修约保留位数的一种方式。

修约间隔一般以（$K = 1$，2，5；n 为零或正、负整数）的形式表示。

例：修约间隔为 5，修约数的末位数字必然是 0 或者是 5。

修约间隔为 2，修约数的末位数字只能是 0，2，4，6，8。

4.3　有效数字概念

（1）测得值的有效位数：指从测量数据左方第一个非零数字算起到最末一个数字（包括零）的个数，它不取决于小数点的位置。

（2）一个正确有效的测量数据，只允许最后一位不准确（估读位）。

（3）测量结果都是包含误差的近似数据，在其记录、计算时，应依据测量要求的水平及测量可能达到的精度来确定数据的位数和取位。

例：①3.1416，13400、1.0034 均为 5 位有效数字。

②0.00134，134，1.34 均为 3 位有效数字。

③25.130，25.13 分别为 5 位、4 位有效数字（非零数字后面的 0 代表测量精确度）。

4.4　有效数字的读取

（1）记录有效位数

读至测量仪器的最小分度值，即以仪表的最小分度值为末位数。最小分度值是按仪器所能达到的精度来确定的，其误差为 ±0.5 最小分度值。

（2）有效数字的位数

第一位从自左向右第一个不为零的数字算起，最末一位规定允许有 ±0.5 个单位的误差。例：用最小分度值为 1mm 的钢直尺去测量混凝土试件的边长，按最接近的刻度值，记录为 151mm 即可，此时真实边长可能在 151mm ± 0.5mm 之间，这时有效数字为三位。

（3）对于需要作进一步运算的读数，按最小分度值读取后再估读一位。

第 5 章

误差和测量不确定度

5.1 误差

由于测量设备、测量技术、测量方法、实验条件、操作水平、环境成本等因素的限制，任何测量只能无限接近于真值，物理量的测量值与客观存在的真实值之间总会存在着一定的差异，误差正是用于定量表示测得值与真值间差异程度的专业术语。误差客观存在，无法准确得到，由于不能确定被测量的真值，实际使用的是约定真值，因此误差只能尽量减小。

5.1.1 误差的分类和定义

根据误差的表示方法，可以分为绝对误差、相对误差、引用误差三类。

（1）绝对误差：就是前述的"测量误差"。

（2）相对误差：绝对误差与被测量的真值之比称为相对误差。通常用百分数表示。相对误差＝绝对误差/真值 ≈ 绝对误差/测得值。

（3）引用误差：测量仪器或测量系统的误差除以仪器的特定值。公式表示为：

引用误差＝绝对误差/测量范围上限×100%

根据误差产生的原因及其性质的差异，可以分为系统误差、随机误差两类。

（1）系统误差：在重复测量中保持不变或按可预见方式变化的测量误差的分量。多次重复测量同一量时，测量误差的绝对值和符号都保持不变，或在测量条件改变时按一定规律变化的误差，称为系统误差。系统误差＝测量误差－随机误差。系统误差是一种绝对误差，有符号和单位。系统误差可以通过采取措施降低或消除（如对称、反向补偿、替代和交换等测量法）。

（2）随机误差：在重复测量中按不可预见方式变化的测量误差的分量。在同一测量条件下（指在测量环境、测量人员、测量技术和测量仪器都相同的条件下），多次重复测量同一量值时（等精度测量），每次测量误差的绝对值和符号都以不可预知的方式变化的误差，称为随机误差。随机误差表明测量结果的分散性，随机误差愈小，测量精密度愈高。

测量结果中还可能存在一种明显偏离了真值的数据，被称为异常值。在数据处理时，应剔除掉。产生异常值原因：

① 测量操作疏忽和失误。

② 测量方法不当或错误。

③ 测量环境条件的突然变化。

5.1.2 导致测量误差的因素（测量误差的来源）

（1）测量设备：用于测量的计量器具、测量标准、实物量具、标准物质等，其自身所复现的值仍然包含误差，须根据期望的测量水平加以限定。

（2）测量人员：由于观测者的感觉器官的鉴别能力存在局限和差别，技术熟练程度有差异必然带来测量误差，如经纬仪对中、整平、瞄准、读数等操作都会引入误差。

（3）测量方法：受技术发展限制，由于测量方法的不完善而引入误差。

（4）测量对象：由于被测对象自身不稳定而引入误差。

（5）环境条件：环境因素如温度、湿度、气压、振动等的变化可能会引入误差。

5.1.3　测量结果的表征

（1）准确度——被测量的测得值与其真值间的一致程度，表示系统误差的大小。系统误差越小，则正确度越高，即测量值与实际值符合的程度越高。

（2）精密度——在规定条件下，对同一或类似被测对象重复测量所得示值或测得值间的一致程度。表示随机误差的影响。精密度越高，表示随机误差越小。随机因素使测量值呈现分散而不确定，但总是分布在平均值附近。

（3）精确度——用来反映系统误差和随机误差的综合影响。精确度越高，表示准确度和精密度都高，意味着系统误差和随机误差都小。

5.2　测量结果的不确定度

5.2.1　不确定度的来源

测量中可能导致测量不确定度的来源一般可从以下方面考虑：

（1）被测量的定义不完整。

（2）复现被测量的测量方法不理想。

（3）取样的代表性不够，即被测样本不能代表所定义的被测量。

（4）对测量过程受环境影响的认识不恰如其分或对环境的测量与控制不完善。

（5）对模拟式仪器的读数存在人为偏移。

（6）测量仪器的计量性能（如最大允许误差、灵敏度、鉴别力、分辨力、死区及稳定性等）的局限性导致的不确定度，即仪器的不确定度。

（7）测量标准或标准物质提供的量值的不确定度。

（8）引用的数据或其他参量的不确定度。

（9）测量方法和测量程序中的近似和假设。

测量不确定度的来源必须根据实际测量情况进行具体分析。

5.2.2　测量不确定度意义

（1）不确定度是测量结果质量的指标。不确定度越小，测量结果质量越高，检测水平越高。

（2）通过对测量中各分量不确定度的分析，使测试人员清晰地了解测量过程中的质量控制点，通过改进技术要素，提高检测精密度。

校准实验室出具的仪器设备校准或检定报告中，必须给出相应的不确定度。

检测实验室在以下情况下应提供不确定度报告：当测量不确定度与检测结果的有效性或应用有关时；当测量不确定度影响与规范限的符合性评价时；当客户有要求时；当检测方法/标准有要求时。

第6章

量值溯源

6.1 量值溯源的目的和方式

溯源是计量工作的核心概念，其根本目的是确保测量结果的准确性、一致性和可信赖性。通过量值溯源最终建立一个清晰、不间断的"溯源链"，将日常使用的测量仪器或测量结果，通过一系列具有规定不确定度的校准步骤，逐级与国家或国际承认的计量基准联系起来。这个过程就像为测量结果找到了一个可以信赖的"源头"和"标尺"，确保了测量世界的"通用语言"是统一、准确和可靠的，从而服务于科学、工业、贸易、民生、健康、安全等社会的方方面面。

量值溯源的方式：检定、校准、标准物质（化学、生物检测）、实验室间比对（无法溯源的设备）。

6.2 校准和检定差异

校准与检定的区别见表 6.2-1。

校准与检定的区别 表 6.2-1

不同点	检 定	校 准
目的	对计量特性进行强制性的全面评定。属量值统一，检定是否符合规定要求。属自上而下的量值传递	自行确定监视及测量装置量值是否准确。属自下而上的量值溯源，评定示值误差
对象	国家强制检定：计量基准器；计量标准器；用于贸易结算、安全防护、医疗卫生、环境监测的工作计量等。如居民用的水表、锅炉上的压力表等	除强制检定之外的计量器具和测量装置
依据	由国家授权的计量部门统一制定的检定规程	校准规范或校准方法，可采用国家统一规定，也可由组织自己制定
性质	具有强制性，属法制计量管理范畴的执法行为	不具有强制性，属组织自愿的溯源行为
周期	按我国法律规定的强制检定周期实施	由组织根据使用需要，自行确定，可以定期、不定期或使用前进行
方式	只能在规定的检定部门或经法定授权具备资格的组织进行	可以自校、外校或自校与外校结合
内容	对计量特性进行全面评定，包括评定量值误差	评定示值误差

第7章

管理体系的技术要素

7.1 人员

7.1.1 关键岗位人员

（1）最高管理者：应履行其对管理体系中的领导作用和承诺。

（2）技术负责人：应具有中级及以上相关专业技术职称或同等能力，全面负责技术运作。

（3）质量负责人：应确保质量管理体系得到实施和保持。

（4）授权签字人：应具有中级及以上相关专业技术职称或同等能力。

（5）检测关键人员：对抽样、操作设备、检验检测、签发检验检测报告或证书以及提出意见和解释的人员，应根据其教育、培训、技能和经验进行能力确认并持证上岗。

（6）质量监督人员：应由熟悉检验检测目的、程序、方法和结果评价的人员，对检验检测人员包括实习员工进行监督。

7.1.2 法规等文件对检测机构人员的要求

1）《建设工程质量检测管理办法》（建设部令第 57 号）

第六条 申请检测机构资质的单位应当是具有独立法人资格的企业、事业单位，或者依法设立的合伙企业，并具备相应的人员、仪器设备、检测场所、质量保证体系等条件。

第二十八条 检测机构应当保持人员、仪器设备、检测场所、质量保证体系等方面符合建设工程质量检测资质标准，加强检测人员培训，按照有关规定对仪器设备进行定期检定或者校准，确保检测技术能力持续满足所开展建设工程质量检测活动的要求。

第三十一条 检测人员不得有下列行为：

（一）同时受聘于两家或者两家以上检测机构。

（二）违反工程建设强制性标准进行检测。

（三）出具虚假的检测数据。

（四）违反工程建设强制性标准进行结论判定或者出具虚假判定结论。

2）《建设工程质量检测机构资质标准》

（1）综合资质主要人员

①技术负责人应具有工程类专业正高级技术职称，质量负责人应具有工程类专业高级及以上技术职称，且均具有 8 年以上质量检测工作经历。

②注册结构工程师不少于 4 名（其中，一级注册结构工程师不少于 2 名），注册土木工程师（岩土）不少于 2 名，且均具有 2 年以上质量检测工作经历。

③技术人员不少于150人，其中具有3年以上质量检测工作经历的工程类专业中级及以上技术职称人员不少于60人、工程类专业高级及以上技术职称人员不少于30人。

（2）专项资质主要人员

①技术负责人应具有工程类专业高级及以上技术职称，质量负责人应具有工程类专业中级及以上技术职称，且均具有5年以上质量检测工作经历。

②主要人员数量不少于《主要人员配备表》规定要求。

3）《检验检测机构资质认定管理办法》（国家质量监督检验检疫总局令第163号）

第九条　申请资质认定的检验检测机构应当符合以下条件：

（一）依法成立并能够承担相应法律责任的法人或者其他组织。

（二）具有与其从事检验检测活动相适应的检验检测技术人员和管理人员。

4）《检验检测机构监督管理办法》（国家市场监督管理总局令第39号）

第五条　检验检测机构及其人员应当对其出具的检验检测报告负责，依法承担民事、行政和刑事法律责任。

第六条　检验检测机构应当落实主体责任，明确法定代表人、技术负责人、授权签字人等管理人员职责，规范检验检测从业人员行为。

第七条　检验检测机构及其人员从事检验检测活动应当遵守法律、行政法规、部门规章的规定，遵循客观独立、公平公正、诚实信用原则，恪守职业道德，承担社会责任。检验检测机构及其人员应当独立于其出具的检验检测报告所涉及的利益相关方，不受任何可能干扰其技术判断的因素影响，保证其出具的检验检测报告真实、客观、准确、完整。

第八条　从事检验检测活动的人员，不得同时在两个以上检验检测机构从业。检验检测授权签字人应当符合相关技术能力要求。法律、行政法规对检验检测人员或者授权签字人的执业资格或者禁止从业另有规定的，依照其规定。

第十六条　检验检测机构及其人员应当对其在检验检测工作中所知悉的国家秘密、商业秘密予以保密。

5）《检验检测机构资质认定评审准则》

《检验检测机构资质认定评审准则》由市场监管总局发布，于2023年12月1日起实施。

第九条　检验检测机构应当具有与其从事检验检测活动相适应的检验检测技术人员和管理人员。

（一）检验检测机构与其人员建立劳动关系应当符合《中华人民共和国劳动法》《中华人民共和国劳动合同法》的有关规定，法律、行政法规对检验检测人员执业资格或者禁止从业另有规定的，依照其规定。

（二）检验检测机构人员的受教育程度、专业技术背景和工作经历、资质资格、技术能力应当符合工作需要。

（三）检验检测报告授权签字人应当具有中级及以上相关专业技术职称或者同等能力，并符合相关技术能力要求。

6）《关于规范人防工程防护设备检测机构资质认定工作的通知》（国人防〔2017〕271号）

附件1"人防工程防护设备检测机构专项要求"第四条：

二、从业人员能力要求：应当具备与所开展的检测活动相适应的技术负责人和专业技术人员。

（一）技术和质量负责人具有高级专业技术职称，6 年以上质量检测工作经历。专业检测技术人员不少于 35 人，其中：高级职称技术人员不少于 3 人，机械、力学、土木、水利、材料不少于其中 3 个专业、每个专业不少于 1 人，本科及以上学历，6 年以上检测工作经历；中级（及以上）职称或全日制本科以上学历人员不少于 25 人，从事检测工作 3 年以上，涵盖机械、力学、土木、水利、材料、电气等相关专业。

（二）具备满足检测要求的、经正式聘用人防工程专业检测人员，其数量、技术能力、教育背景应当与所开展的检测活动相匹配，并且只能在本检测机构中从业，其中 80% 的检测人员在本机构从业不少于 3 年。

（三）检测机构与所有人防工程专业管理和检测人员均须依法签订劳动合同并缴纳社会保障险。

7）应急管理部关于印发《消防技术服务机构从业条件》的通知（应急〔2019〕88 号）

第三条　从事消防设施维护保养检测服务的消防技术服务机构，应当具备下列条件：

（一）企业法人资格；

（二）工作场所建筑面积不少于 200 平方米；

（三）消防技术服务基础设备和消防设施维护保养检测设备配备符合附表 1 和附表 2 的要求；

（四）注册消防工程师不少于 2 人，且企业技术负责人由一级注册消防工程师担任；

（五）取得消防设施操作员国家职业资格证书的人员不少于 6 人，其中中级技能等级以上的不少于 2 人；

（六）健全的质量管理体系。

8）《雷电防护装置检测资质管理办法》（中国气象局令第 31 号）

第七条　申请防雷装置检测资质的单位应当具备以下基本条件：

（一）独立法人资格。

（二）具有满足防雷装置检测业务需要的经营场所。

（三）从事防雷装置检测工作的人员应当取得《防雷装置检测资格证》，并在其从业单位参加社会保险；取得《防雷装置检测资格证》的人员中，应当有一定数量的与防雷、建筑、电子、电气、气象、通信、电力、计算机相关专业的高、中级专业技术人员。

第八条　申请甲级资质的单位除了符合本办法第七条的基本条件外，还应当同时符合以下条件：

（一）具有与承担业务相适应的防雷装置检测专业技术人员，其中具有高级技术职称的不少于 2 名，具有中级技术职称的不少于 6 名；技术负责人应当具有高级技术职称，从事防雷装置检测工作 5 年以上，并具备相应资质等级要求的防雷装置检测专业知识和能力。

第九条　申请乙级资质的单位除了符合本办法第七条的基本条件外，还应当同时符合以下条件：

（一）具有与承担业务相适应的防雷装置检测专业技术人员，其中具有高级技术职称的不少于 1 名，具有中级技术职称的不少于 3 名；技术负责人应当具有高级技术职称，从事防雷装置检测等工作 3 年以上，并具备相应资质等级要求的防雷装置检测专业知识和能力。

7.1.3　人员管理程序文件

人员管理程序文件应对人员管理进行规定。

（1）检测机构根据工作需要配备足够的管理、监督、检测人员。

（2）关键人员的资格、任职条件、上岗条件应有明确的规定。

（3）关键人员依据相应的教育、资格、培训、技能和经验进行能力确认。

（4）当使用在培员工时，应安排质量监督员对其进行适当的监督。

（5）从事检测检验工作的人员，不得同时在两个及以上的检测检验机构从业。

7.1.4　人员要素常见问题

（1）人员数量及质量与能力范围和业务规模不匹配。

（2）未制定培训计划。

（3）只有人员的培训计划，没有跟踪检查计划的落实情况。

（4）不注重人员的岗位培训。

（5）人员技术档案不全或未整理形成档案。

（6）检测人员没有人员监督记录、能力确认记录。

（7）重要或操作复杂的设备，使用人员没有经过能力确认和授权。

（8）岗位职责不清晰。

（9）检测人员实验操作不规范。

（10）管理人员和检测人员对管理体系文件欠熟悉，工作不按规定程序做等。

（11）未设定质量监督员或质量监督员资格不满足要求。

（12）在培人员未得到有效的监督。

7.2　场所环境

7.2.1　环境定义

（1）满足方法标准要求的检测环境。如对检测结果有影响的温、湿度控制。

（2）满足职业卫生标准，保证实验人员身体健康的检测环境。如检测场所中有毒有害污染物、噪声、辐射严重超标，对从事该工作的实验人员应有防护措施和应急措施。

（3）满足环保部门废水、废气、废物排放要求，配备相应的处理措施。

7.2.2　环境管理的主要内容

（1）应确保工作环境满足检测标准或者技术规范的要求。

（2）应将其从事检验检测活动所必需的场所、环境要求制定成文件。

（3）检验检测标准或者技术规范对环境条件有要求时或环境条件影响检验检测结果时，应监测、控制和记录环境条件。

（4）应建立和保持检验检测场所的内务管理程序，该程序应考虑安全和环境的因素。

（5）应将不相容活动的相邻区域进行有效隔离。

（6）对使用和进入影响检验检测质量活动的区域加以控制。

7.2.3　环境要素常见问题

（1）环境条件不符合标准要求、有环境温湿度要求的未监控或有监控没有记录。

（2）不相容活动的相邻区域进行未进行有效隔离。

（3）对受控区域理解不到位。与检测无关的人员或物品不得进入检测工作区域；若要进入，必须得到相关授权人员的批准，由有关人员陪同，且不得妨碍检测工作的正常运行。

（4）未安装相关设施对检测工作中产生的废气、废液、粉尘、噪声、固体废物等进行处理，或处理效果不符合环境和健康要求。

（5）有毒、强酸、强碱等化学试剂未按相关要求进行双门双锁的管理。

（6）对高温、高电压、撞击以及水、气、火、电等危及安全的因素和环境未进行识别控制，未制定相关的应急管理措施。

7.3　设备设施

7.3.1　设备的范围

包括检验检测活动所必需并影响结果的仪器、软件、测量标准、标准物质、参考数据、试剂、消耗品、辅助设备或相应组合装置。

7.3.2　设备管理的主要内容

（1）应建立和保持检验检测设备和设施管理程序，以确保设备和设施的配置、使用、处理、运输、储存和维护满足检验检测工作要求，确保设备功能正常并防止污染或性能退化。

（2）检验检测机构应配备满足检验检测（包括抽样、物品制备、数据处理与分析）要求的设备和设施。

（3）应对检测结果有影响或计量溯源性有要求的设备设施实施有计划的检定或校准。

（4）设备在投入使用前，应采用核查、检定或校准等方式，以确认其是否满足检验检测的要求。

（5）应对设备的使用状态和检定、校准有效期等进行标识。

（6）用于检验检测并对结果有影响的设备及其软件，应加以唯一性标识。

（7）当校准结果包含修正因子，应确保在其检测数据及相关记录中加以利用并备份和更新。

（8）设备出现故障或者异常时，应查明原因，采取相应措施防止误用。修复后应证明该设备正常工作。还应核查故障对以前检验检测结果的影响。

（9）应建立和保持期间核查相关的程序。

（10）对于操作技术复杂和昂贵的设备，操作人员应经过专业培训考核，经授权后使用。

7.3.3　设备要素常见问题

（1）辅助设备（小配件）未按标准要求配备。

（2）未按检测方法要求的使用区间校准设备。

（3）对设备供应商或校准检定服务商未做评价。

（4）有修正信息的，未能有效使用修正信息。

（5）设备校准后，未按标准要求对校准结果进行确认。

（6）用于环境监测的设施未进行校准。

（7）设备未标识其真实状态。

（8）标准物质未纳入体系管理中。

（9）对需要进行期间核查的设备未制定期间核查的计划或有计划未实施等。

（10）程序文件未规定电子记录如何管理。

第 8 章

管理体系的管理要素

8.1 合同评审

8.1.1 合同评审目的

机构在签订合同前，应与客户充分沟通，了解客户需求，并对自身的技术能力和资质状况是否满足客户的要求（包括方法要求）进行评审。

8.1.2 合同评审应该关注的内容

（1）对于常规的、一般性的和非常明确客户需求等内容，可简化评审程序，此时合同评审可由授权的业务接待员与客户就有关检验要求进行评审，并通过客户填写"检测委托单"的形式确认评审内容，明确检验项目、检测依据，双方签字，合同生效。

（2）合同中相关的检测内容，应在本机构资质认定检测能力的范围内。

（3）合同中客户要求的偏离、变更不应影响本机构的诚信或结果的有效性。

（4）对要求、标书、合同的偏离、变更应征得客户同意并通知相关人员。

（5）当合同涉及分包项目时，必须事先取得委托人同意并进行合同评审，评审内容包括分包的所有项目。

（6）合同签订后，如在工作时发现合同需要修改，视修改的重要性进行重新评审，并将修改内容通知所有受影响的部门及检测人员，防止工作差错造成损失。

8.2 检测工作分包

8.2.1 检测分包种类

检测分包分为：有资质分包和无资质分包。

（1）有资质分包是指检验检测机构因设备维修、检测任务量大以及关键人员暂缺等"临时性"原因将已通过检验检测机构资质认定的检测项目进行分包。

（2）无资质分包是指检验检测机构将没有通过检验检测机构资质认定的项目进行分包。将全部检验检测任务都分包给其他机构的行为，属转包，不属于分包。

8.2.2 检测分包要求

（1）检测机构管理体系中应包括对分包的相关规定。

（2）分包应事先取得委托方的同意，检测合同中应对分包进行规定。

（3）承担"分包"检验检测任务的检验检测机构优先依法取得检验检测机构资质认定

并有能力完成分包项目的检验检测机构。

（4）存在分包时，检测报告中应包括分包信息，注明分包单位名称、资质证书号（若有）以及分包项目。

（5）"分包方"对分包结果负责，发包方负法律连带责任。

（6）检验检测机构应对分包方进行评价，有评审记录和合格分包方名录。

8.3 样品管理

8.3.1 样品管理的主要内容

（1）检验检测机构应建立和保持样品管理程序，以保护样品的完整性并为客户保密。

（2）检验检测机构应有样品的标识系统，并在整个检验检测期间保留该标识。

（3）在接收样品时，应记录样品的异常情况以及对检验检测方法的偏离。

（4）样品在运输、接收、处置、保护、存储、保留、清理或返回过程中应予以控制和记录。

（5）当样品存放的环境条件影响其性能时，应控制、监测和记录存放环境条件。

8.3.2 样品流转

样品流转程序：委托、（运输）、核样、登记、标识、交样、处置（返回）。

（1）委托：检测机构应与委托方签订检测书面合同（委托单），见证取样的样品应提供见证记录单，若是普通送检，应在委托单上注明"仅对来样负责"；委托人对样品的真实性、代表性负责。

（2）核对样品：依据相关检测标准和规范逐个核查样品，保证样品符合相关方法标准要求。

（3）登记：将委托单的信息录入后，按文件规定对样品进行编号。

（4）样品标识：根据委托单和登记编号的信息，做好样品标识，在整个检验检测期间保留该标识；样品标识包括样品的编号和状态标识，样品的编号具有唯一性，区别于其他样品；样品状态标识可以避免重复或漏检的现象；当样品由多个物品组成时，要保证每个物品都有标识。

如果合适，还包括样品群组的细分和样品在检验检测机构内部甚至外部的传递。

（5）交接样品：样品管理人员应及时将样品交予检测人员，检测人员在接收样品时，应在流转记录中确认。

（6）样品处置：根据客户和标准要求，试验后的样品可由实验室自行处理、退样、留样等。

8.3.3 样品要素常见问题

（1）样品缺少唯一性标识。

（2）留样流转、保管、处置的记录不全或缺失。

（3）待检、在检、检毕和留样的状态标识与实际不符。

（4）制样时，未按体系规定对样品进行标识。

（5）样品室内不同种类样品未分开放置。

（6）收样时，收样员未对样品是否符合检测要求进行检查。

（7）机构没有收样员或者收样员的专业知识不足。

（8）样品室不受控。

（9）对于多个试件组成的样品如混凝土抗压、钢筋力学性能试验的样品，除了有唯一性的标识还应给每个试件进行编号。

8.4　检测方法

8.4.1　方法分类

检测方法分为标准方法和非标准方法。

1）标准方法（验证）

（1）国内标准：由国内标准化组织或机构发布的标准，包括我国国家、行业和地方标准等。

（2）国际标准：由国际标准化组织发布的标准，如 ISO（国际标准化组织）、IEC（国际电工委员会）、ITU（国际电信联盟）等。

（3）国务院有关部门和省政府有关部门指定已废止的标准或方法用于监督检查等特定工作的，以指定的标准或方法为依据申请的项目参数仅能用于该特定工作。

2）非标准方法（确认）

非标准方法包括知名技术组织、有关科学书籍和期刊公布的方法，设备制造商指定的方法。从方法确认的角度看，非标方法广义上也可包括实验室制定的方法和超出其预定范围使用的标准方法、扩充和修改过的标准方法。

使用非标准方法前，应当先对方法进行确认，再验证。

8.4.2　检测方法涉及的内容

（1）应优先使用标准方法，并确保使用标准的有效版本。

（2）在使用标准方法前，应进行验证。在使用非标准方法（含自制方法）前，应进行确认并验证。

（3）方法标准更新后，机构应重新进行验证或确认。

（4）当方法偏离时，机构应征得客户同意并告知其可能存在的风险。

（5）当标准的内容不便于理解、规定得不够详细或缺少必要的信息、方法中的可选择的步骤或方法在运用时会因人而异，可能会影响检测数据和结果正确性时，应制定作业指导书或附加细则对标准加以补充，以确保应用一致性。

（6）需要时，检验检测机构应建立和保持开发自制方法控制程序，自制方法应经确认。检验检测机构应记录作为确认证据的信息：使用的确认程序、规定的要求、方法性能特征的确定、获得的结果和描述该方法满足预期用途的有效性声明。

8.4.3 检测方法要素常见问题

（1）检测场所没有现行有效的作业指导书或方法标准。

（2）合同、原始记录、检测报告、作业指导书等文件中使用非现行有效标准。

（3）使用新的标准方法没有按程序文件的规定进行验证。

（4）实验室不了解不确定度的概念，不会对检测方法中可能引入的不确定度分量进行分析。

（5）当标准方法在运用过程中会因人而异时，没有制定作业指导书或类似文件。

（6）使用企业标准作为检测方法标准时，未对企业标准进行确认和验证。

8.5 记录

8.5.1 记录种类

检测机构记录分为质量记录和技术记录两类。

（1）质量记录指检验检测机构管理体系活动中的过程和结果的记录，包括合同评审、分包控制、采购、内部审核、管理评审、纠正措施、预防措施和投诉等记录。

（2）技术记录指进行检验检测活动的信息记录，应包括原始观察、导出数据和建立审核路径有关信息的记录，检验检测、环境条件控制、人员、方法、设备管理、样品和质量监控等记录，也包括发出的每份检验检测报告的副本。

8.5.2 技术记录应关注内容

（1）记录应包含充分的信息，确保该项检验检测在尽可能接近原条件情况下能够重复。应包括抽样的人员、每项检验检测人员和结果校核人员的标识。

（2）样品的前期处理影响检测结果时应记录。

（3）观察结果、数据和计算应在产生时予以记录。

（4）如果发现记录有错误，只能"划改"，不能涂改，应有划改人、日期等标识，被改写的数据应清晰可见。

（5）记录可存于任何媒体上。

（6）所有记录的存放条件应有安全保护措施，对电子存储的记录也应采取与书面媒体同等措施，并加以保护及备份,防止未经授权的侵入及修改，以避免原始数据的丢失或改动。

8.5.3 原始记录的特点

（1）充分性：包含人、机、料、法、环关键要素，确保该项检验检测在尽可能接近原条件情况下能够重复。

（2）原始性：不能补录、誊写和追记。

（3）规范性：填写和改动需按文件的要求。

8.5.4 记录要素常见问题

（1）记录未包括足够的信息（引用标准、使用的仪器编号、环境条件、样品主要信息、样品前期处理的过程或检测位置简图等）。

（2）记录无关键人员签名。

（3）《记录控制程序》中，对检测原始记录的唯一性识别缺少管理规定。

（4）没有记载最原始的读数，数字修约不符合规范要求。

（5）记录更改不正确（没有杠改，杠改处无签名，使用涂改液）。

（6）誊抄原始记录，在记录上写与检测无关的文字或算式。

（7）使用铅笔、圆珠笔进行记录（应使用钢笔或签字笔），不利于记录的长期保存。

（8）计算机采集数据的原始记录存在问题或未保留电子数据。

（9）记录没有按文件的要求进行保存。

8.6　结果报告

实验室完成的每项或每一系列检验结果均应按照检验方法的规定，准确、清晰、客观地在检验检测报告中表述。每一份报告都是检验检测机构的产品。

8.6.1　报告中应包含的信息

（1）标题。

（2）加盖检验检测机构公章或检验检测专用章。

（3）机构的名称和地址，被检的工程名称和部位及地点（如果与机构的地址不同）。

（4）报告的编码标识每页码及总页数。

（5）客户名称和联系信息。

（6）检测方法依据的标准、规范或非标准方法的说明。

（7）被检样品（对象）的名称和编号标识；适用时，检测的特定部件的标识和检测位置的标识。

（8）样品接收日期、检测日期，报告发布日期及编号。

（9）修订的检验检测报告或证书应注以唯一性标识，并注明所代替的原报告。

（10）适用时，如果在检测方法或程序中没有规定，应指出所用抽样方法或对抽样方法进行描述，以及在什么地方、什么时间、如何、由谁进行抽样的有关信息。

（11）如果检测的部分工作被分包，这部分工作的结果应写入报告并明确标识。

（12）识别或简述所使用的检测方法和程序；检测结果，包括符合性声明和发现的任何缺陷或其他不符合的声明，必要时应附以图表、曲线、照片说明检测和导出的结果。

（13）如需要，检测结果仅与被检测物品有关的声明，如果检测样品是客户提供的，应在检测报告中明确"客户送样"或有同类描述。检测结果只针对预定工作、检测对象或检测批次的声明。

（14）相关时，检测时环境条件的有关信息。

（15）检测人员、审核人员及授权签字人等的标记或签章。可以用电子印章等形式。

（16）报告应采用法定计量单位。

8.6.2　报告要素常见问题

（1）信息不全（未包括评审准则要求的全部信息，没有地址、采样位置、签发日期、标准、方法等）。

（2）同时引用检测过程或判断准则有矛盾的多个标准。

（3）未按程序文件要求编号，编号没有唯一性。

（4）试验数据未使用法定计量单位或使用不规范。

（5）实验室的检测报告未经授权签字人签署即发出。

8.7 检测结果的质量控制

8.7.1 质量控制目的

质量控制目的是把分析测试的误差控制在允许的范围内，保证分析的精密度、准确度，使分析数据在给定的置信水平内有把握达到要求的质量。为了保证检测结果的有效性，实验室必须适时地采取质量控制。

实验室质量控制不仅是对检测过程进行控制，而是贯穿于实验室全部检测活动的始终，实质是全过程质量控制，包括检测前质量保证、检测中质量控制和检测后质量评估。

检测前质量保证：包括人员检测技能、培训和资格确认，设施和环境条件，检测方法选择和验证、仪器设备检定和校准状态维持、标准物质及试验用具的量值溯源、样品管理、试剂等供应品的选择、采购和验收。

检测中质量控制：检测过程质量控制、试验记录及结果报告。

检测后质量评估：包括客户反馈投诉。

8.7.2 实验室外部质量控制

由多个实验室对相同或类似的检测样品进行分析，并将各实验室的结果进行统计比较和评价，以确定实验室检测结果的准确性、可靠性和可比性，并监控其持续检测能力的活动。其目的是验证实验设备的适用性、人员操作的规范性以及内部质控体系的有效性。外部质量控制的方法主要包括以下几种：实验室间比对、能力验证（包括测量审核）。

8.7.3 实验室内部质量控制

实验室内部质量控制简称"内部控制"，是实验室自我控制质量的常规程序，它能反映分析质量稳定性状况，能及时发现分析中的随机误差和新出现的系统误差，随时采取相应的校正措施。执行者为实验室自身的工作人员，不涉及外部的其他人。

内部质量控制的方式：质量控制图、采用有证标准物质、加标回收试验、内部比对试验（人员比对、不同方法比对、不同检测设备比对）、留样再测、样品不同特性的相关性检验、校准曲线的绘制、空白试验、平行样试验等。

8.8 文件控制

8.8.1 文件控制要素

检验检测机构应建立和保持控制其管理体系的内部和外部文件的程序，明确文件的标识、批准、发布、变更和废止，防止使用无效、作废的文件，确保机构内使用文件现行、有效。

8.8.2　受控文件种类

受控文件一部分来自机构内部制订的，如管理体系文件（质量手册、程序性文件、作业指导书、质量和技术记录表格）、检测方案、检测合同、检测报告和与检测有关的公文；另一部分来自外部的，如标准、图纸、软件、参考数据、手册等。

8.8.3　文件控制应关注的内容

（1）检测人员应能方便地得到相关管理体系文件、技术标准和法规性文件等文件。

（2）质量手册、程序文件、作业指导书、质量和技术记录表格应有唯一性标识。

（3）受控文件发放时要加盖受控文件章和受控编号；每份文件应有不同的分发编号，以便追溯；其发放和回收应作记录。

（4）失效作废文件应撤离所有的工作场所，未撤离应作明显标识。

（5）应根据管理体系运行状态对管理体系文件进行定期评审，确保文件内容能持续适用。

（6）应有相关程序文件明确文件的批准、发布、标识、变更、废止，防止使用无效、作废的文件。

8.9　购买的服务和供应品

8.9.1　选择和购买的服务和供应品要求

检验检测机构应对选择和购买的服务和供应品符合检验检测工作需求作出规定并有效实施，确保服务和供应品的质量符合检验检测工作需求。

供应品指实验室开展各种活动所使用的物品，可包括测量仪器、软件、测量标准、标准物质、参考数据、试剂、消耗品或辅助装置等。

服务指实验室开展各种活动所需的由从外部获得的活动，可包括校准服务、抽样服务、检测服务、设施和设备维护服务、能力验证服务以及评审和审核服务等，包含分包服务。

8.9.2　选择和购买的服务和供应品应关注的内容

（1）制定选择和购买对检测质量有影响的服务和供应品的控制程序。

（2）对检测质量有影响的供应品需按标准要求进行验收，并保存验收记录。

（3）对供应商进行定期评价并保存评价记录以及获准供应商名录。

8.10　纠正措施与应对风险和机遇的措施

8.10.1　基本概念

（1）纠正措施：为消除已发现的不合格或其他不期望情况的原因所采取的措施，属于被动采取的措施。

（2）应对风险和机遇的措施：事先主动识别改进机会，为消除潜在不合格或其他潜在的不期望情况的原因所采取的措施，属于主动采取的措施。

8.10.2 纠正措施与应对风险和机遇的措施应关注的内容

（1）是否建立和保持纠正措施程序，管理层是否对持续改进管理体系的意义有充分认识。

（2）是否有改进活动的记录并评价改进工作的有效性。

（3）纠正措施、应对风险和机遇的措施和改进作为管理评审的输入。

8.11 内部审核

8.11.1 一般规定

内部审核时检测机构自行组织的管理体系审核。

（1）检验检测机构应建立和保持管理体系内部审核的程序，以便验证其运作是否符合管理体系和资质认定的要求，管理体系是否得到有效的实施和保持。

（2）内部审核通常每年一次，由质量负责人策划内审并制定审核方案。

（3）内审员须经过培训，具备相应资格，若资源允许，内审员应独立于被审核的活动。

（4）保留内部审核记录。

8.11.2 内部审核依据

当一个检测机构有多种类似资质（如 CNAS、CMA 等）时，一般同时实施几种资质的内部审核。审核依据有：

（1）资质认定评审依据：《建设工程质量检测机构资质标准》、《检验检测机构资质认定评审准则》、《实验室认可规则》CNAS-RL01：2019、《检测和校准实验室能力认可准则》CNAS-CL01：2018、《实验室认可指南》CNAS-GL001：2018 等。

（2）检测机构的管理体系文件。

（3）检测方法标准。

8.11.3 内部审核组织

（1）由质量负责人策划内审并制定审核方案。

（2）组织内审员实施内部审核具体工作。

（3）应对内部审核中发现的不符合采取纠正措施。

（4）保留内部审核形成的文件记录，包括审核过程记录、不符合纠正措施、内部审核报告等。

（5）将内部审核结果作为管理评审的输入。

8.11.4 内部审核方案

内部审核方案包括频次、方法、职责、策划要求和报告。

内部审核应覆盖管理体系的所有要素，应当覆盖与管理体系有关的所有部门、所有场所和所有活动。依据有关过程的重要性、对检验检测机构产生影响的变化、以往的审核结果来策划、制定、实施和保持审核方案。

8.12　管理评审

8.12.1　一般规定

（1）检验检测机构应建立和保持管理评审的程序。

（2）管理评审通常 12 个月一次，由管理层负责。

（3）管理层应确保管理评审后，得出的相应变更或改进措施予以实施，确保管理体系的适宜性、充分性和有效性。

（4）应保留管理评审的记录。

8.12.2　管理评审组织

（1）检验检测机构的管理层组织管理体系的管理评审。

（2）形成并保留管理评审记录，管理评审记录包含输入记录、输出记录以及管理评审计划和报告。

（3）管理层应确保管理评审后，得出的相应变更或改进措施予以实施，并确保管理体系的适宜性、充分性和有效性。

8.12.3　管理评审输入内容

管理评审输入应包括以下信息：

（1）检验检测机构相关的内外部因素的变化。

（2）目标的可行性。

（3）政策和程序的适用性。

（4）以往管理评审所采取措施的情况。

（5）近期内部审核的结果。

（6）纠正措施。

（7）由外部机构进行的评审。

（8）工作量和工作类型的变化或检验检测机构活动范围的变化。

（9）客户和员工反馈。

（10）投诉。

（11）实施改进的有效性。

（12）资源配备的合理性。

（13）风险识别的可控性。

（14）结果质量的保障性。

（15）其他相关因素，如监督活动和培训。

8.12.4　管理评审结果输出

管理评审输出应包括以下内容：

（1）管理体系及其过程的有效性。

（2）符合本标准要求的改进。

（3）提供所需的资源。

（4）变更的需求。

附录1　中华人民共和国计量法实施细则

（1987 年 1 月 19 日国务院批准　1987 年 2 月 1 日国家计量局发布　根据 2016 年 2 月 6 日《国务院关于修改部分行政法规的决定》第一次修订　根据 2017 年 3 月 1 日《国务院关于修改和废止部分行政法规的决定》第二次修订　根据 2018 年 3 月 19 日《国务院关于修改和废止部分行政法规的决定》第三次修订　根据 2022 年 3 月 29 日《国务院关于修改和废止部分行政法规的决定》第四次修订）

第一章　总则

第一条　根据《中华人民共和国计量法》的规定，制定本细则。

第二条　国家实行法定计量单位制度。法定计量单位的名称、符号按照国务院关于在我国统一实行法定计量单位的有关规定执行。

第三条　国家有计划地发展计量事业，用现代计量技术装备各级计量检定机构，为社会主义现代化建设服务，为工农业生产、国防建设、科学实验、国内外贸易以及人民的健康、安全提供计量保证，维护国家和人民的利益。

第二章　计量基准器具和计量标准器具

第四条　计量基准器具（简称计量基准，下同）的使用必须具备下列条件：

（一）经国家鉴定合格；

（二）具有正常工作所需要的环境条件；

（三）具有称职的保存、维护、使用人员；

（四）具有完善的管理制度。

符合上述条件的，经国务院计量行政部门审批并颁发计量基准证书后，方可使用。

第五条　非经国务院计量行政部门批准，任何单位和个人不得拆卸、改装计量基准，或者自行中断其计量检定工作。

第六条　计量基准的量值应当与国际上的量值保持一致。国务院计量行政部门有权废除技术水平落后或者工作状况不适应需要的计量基准。

第七条　计量标准器具（简称计量标准，下同）的使用，必须具备下列条件：

（一）经计量检定合格；

（二）具有正常工作所需要的环境条件；

（三）具有称职的保存、维护、使用人员；

（四）具有完善的管理制度。

第八条　社会公用计量标准对社会上实施计量监督具有公证作用。县级以上地方人民政府计量行政部门建立的本行政区域内最高等级的社会公用计量标准，须向上一级人民政府计量行政部门申请考核；其他等级的，由当地人民政府计量行政部门主持考核。

经考核符合本细则第七条规定条件并取得考核合格证的，由当地县级以上人民政府计量行政部门审批颁发社会公用计量标准证书后，方可使用。

第九条 国务院有关主管部门和省、自治区、直辖市人民政府有关主管部门建立的本部门各项最高计量标准，经同级人民政府计量行政部门考核，符合本细则第七条规定条件并取得考核合格证的，由有关主管部门批准使用。

第十条 企业、事业单位建立本单位各项最高计量标准，须向与其主管部门同级的人民政府计量行政部门申请考核。乡镇企业向当地县级人民政府计量行政部门申请考核。经考核符合本细则第七条规定条件并取得考核合格证的，企业、事业单位方可使用，并向其主管部门备案。

第三章 计量检定

第十一条 使用实行强制检定的计量标准的单位和个人，应当向主持考核该项计量标准的有关人民政府计量行政部门申请周期检定。

使用实行强制检定的工作计量器具的单位和个人，应当向当地县（市）级人民政府计量行政部门指定的计量检定机构申请周期检定。当地不能检定的，向上一级人民政府计量行政部门指定的计量检定机构申请周期检定。

第十二条 企业、事业单位应当配备与生产、科研、经营管理相适应的计量检测设施，制定具体的检定管理办法和规章制度，规定本单位管理的计量器具明细目录及相应的检定周期，保证使用的非强制检定的计量器具定期检定。

第十三条 计量检定工作应当符合经济合理、就地就近的原则，不受行政区划和部门管辖的限制。

第四章 计量器具的制造和修理

第十四条 制造、修理计量器具的企业、事业单位和个体工商户须在固定的场所从事经营，具有符合国家规定的生产设施、检验条件、技术人员等，并满足安全要求。

第十五条 凡制造在全国范围内从未生产过的计量器具新产品，必须经过定型鉴定。定型鉴定合格后，应当履行型式批准手续，颁发证书。在全国范围内已经定型，而本单位未生产过的计量器具新产品，应当进行样机试验。样机试验合格后，发给合格证书。凡未经型式批准或者未取得样机试验合格证书的计量器具，不准生产。

第十六条 计量器具新产品定型鉴定，由国务院计量行政部门授权的技术机构进行；样机试验由所在地方的省级人民政府计量行政部门授权的技术机构进行。

计量器具新产品的型式，由当地省级人民政府计量行政部门批准。省级人民政府计量行政部门批准的型式，经国务院计量行政部门审核同意后，作为全国通用型式。

第十七条 申请计量器具新产品定型鉴定和样机试验的单位，应当提供新产品样机及有关技术文件、资料。

负责计量器具新产品定型鉴定和样机试验的单位，对申请单位提供的样机和技术文件、资料必须保密。

第十八条 对企业、事业单位制造、修理计量器具的质量，各有关主管部门应当加强管理，县级以上人民政府计量行政部门有权进行监督检查，包括抽检和监督试验。凡无产品合格印、证，或者经检定不合格的计量器具，不准出厂。

第五章　计量器具的销售和使用

第十九条　外商在中国销售计量器具，须比照本细则第十五条的规定向国务院计量行政部门申请型式批准。

第二十条　县级以上地方人民政府计量行政部门对当地销售的计量器具实施监督检查。凡没有产品合格印、证标志的计量器具不得销售。

第二十一条　任何单位和个人不得经营销售残次计量器具零配件，不得使用残次零配件组装和修理计量器具。

第二十二条　任何单位和个人不准在工作岗位上使用无检定合格印、证或者超过检定周期以及经检定不合格的计量器具。在教学示范中使用计量器具不受此限。

第六章　计量监督

第二十三条　国务院计量行政部门和县级以上地方人民政府计量行政部门监督和贯彻实施计量法律、法规的职责是：

（一）贯彻执行国家计量工作的方针、政策和规章制度，推行国家法定计量单位；

（二）制定和协调计量事业的发展规划，建立计量基准和社会公用计量标准，组织量值传递；

（三）对制造、修理、销售、使用计量器具实施监督；

（四）进行计量认证，组织仲裁检定，调解计量纠纷；

（五）监督检查计量法律、法规的实施情况，对违反计量法律、法规的行为，按照本细则的有关规定进行处理。

第二十四条　县级以上人民政府计量行政部门的计量管理人员，负责执行计量监督、管理任务；计量监督员负责在规定的区域、场所巡回检查，并可根据不同情况在规定的权限内对违反计量法律、法规的行为，进行现场处理，执行行政处罚。

计量监督员必须经考核合格后，由县级以上人民政府计量行政部门任命并颁发监督员证件。

第二十五条　县级以上人民政府计量行政部门依法设置的计量检定机构，为国家法定计量检定机构。其职责是：负责研究建立计量基准、社会公用计量标准，进行量值传递，执行强制检定和法律规定的其他检定、测试任务，起草技术规范，为实施计量监督提供技术保证，并承办有关计量监督工作。

第二十六条　国家法定计量检定机构的计量检定人员，必须经考核合格。

计量检定人员的技术职务系列，由国务院计量行政部门会同有关主管部门制定。

第二十七条　县级以上人民政府计量行政部门可以根据需要，采取以下形式授权其他单位的计量检定机构和技术机构，在规定的范围内执行强制检定和其他检定、测试任务：

（一）授权专业性或区域性计量检定机构，作为法定计量检定机构；

（二）授权建立社会公用计量标准；

（三）授权某一部门或某一单位的计量检定机构，对其内部使用的强制检定计量器具执行强制检定；

（四）授权有关技术机构，承担法律规定的其他检定、测试任务。

第二十八条　根据本细则第二十七条规定被授权的单位，应当遵守下列规定：

（一）被授权单位执行检定、测试任务的人员，必须经考核合格；

（二）被授权单位的相应计量标准，必须接受计量基准或者社会公用计量标准的检定；

（三）被授权单位承担授权的检定、测试工作，须接受授权单位的监督；

（四）被授权单位成为计量纠纷中当事人一方时，在双方协商不能自行解决的情况下，由县级以上有关人民政府计量行政部门进行调解和仲裁检定。

第七章　产品质量检验机构的计量认证

第二十九条　为社会提供公证数据的产品质量检验机构，必须经省级以上人民政府计量行政部门计量认证。

第三十条　产品质量检验机构计量认证的内容：

（一）计量检定、测试设备的性能；

（二）计量检定、测试设备的工作环境和人员的操作技能；

（三）保证量值统一、准确的措施及检测数据公正可靠的管理制度。

第三十一条　产品质量检验机构提出计量认证申请后，省级以上人民政府计量行政部门应指定所属的计量检定机构或者被授权的技术机构按照本细则第三十条规定的内容进行考核。考核合格后，由接受申请的省级以上人民政府计量行政部门发给计量认证合格证书。产品质量检验机构自愿签署告知承诺书并按要求提交材料的，按照告知承诺相关程序办理。未取得计量认证合格证书的，不得开展产品质量检验工作。

第三十二条　省级以上人民政府计量行政部门有权对计量认证合格的产品质量检验机构，按照本细则第三十条规定的内容进行监督检查。

第三十三条　已经取得计量认证合格证书的产品质量检验机构，需新增检验项目时，应按照本细则有关规定，申请单项计量认证。

第八章　计量调解和仲裁检定

第三十四条　县级以上人民政府计量行政部门负责计量纠纷的调解和仲裁检定，并可根据司法机关、合同管理机关、涉外仲裁机关或者其他单位的委托，指定有关计量检定机构进行仲裁检定。

第三十五条　在调解、仲裁及案件审理过程中，任何一方当事人均不得改变与计量纠纷有关的计量器具的技术状态。

第三十六条　计量纠纷当事人对仲裁检定不服的，可以在接到仲裁检定通知书之日起15日内向上一级人民政府计量行政部门申诉。上一级人民政府计量行政部门进行的仲裁检定为终局仲裁检定。

第九章　费用

第三十七条　建立计量标准申请考核，使用计量器具申请检定，制造计量器具新产品申请定型和样机试验，以及申请计量认证和仲裁检定，应当缴纳费用，具体收费办法或收费标准，由国务院计量行政部门会同国家财政、物价部门统一制定。

第三十八条　县级以上人民政府计量行政部门实施监督检查所进行的检定和试验不收费。被检查的单位有提供样机和检定试验条件的义务。

第三十九条　县级以上人民政府计量行政部门所属的计量检定机构，为贯彻计量法律、法规，实施计量监督提供技术保证所需要的经费，按照国家财政管理体制的规定，分别列入各级财政预算。

第十章　法律责任

第四十条　违反本细则第二条规定，使用非法定计量单位的，责令其改正；属出版物的，责令其停止销售，可并处 1000 元以下的罚款。

第四十一条　违反《中华人民共和国计量法》第十四条规定，制造、销售和进口非法定计量单位的计量器具的，责令其停止制造、销售和进口，没收计量器具和全部违法所得，可并处相当其违法所得 10% 至 50% 的罚款。

第四十二条　部门和企业、事业单位的各项最高计量标准，未经有关人民政府计量行政部门考核合格而开展计量检定的，责令其停止使用，可并处 1000 元以下的罚款。

第四十三条　属于强制检定范围的计量器具，未按照规定申请检定和属于非强制检定范围的计量器具未自行定期检定或者送其他计量检定机构定期检定的，以及经检定不合格继续使用的，责令其停止使用，可并处 1000 元以下的罚款。

第四十四条　制造、销售未经型式批准或样机试验合格的计量器具新产品的，责令其停止制造、销售，封存该种新产品，没收全部违法所得，可并处 3000 元以下的罚款。

第四十五条　制造、修理的计量器具未经出厂检定或者经检定不合格而出厂的，责令其停止出厂，没收全部违法所得；情节严重的，可并处 3000 元以下的罚款。

第四十六条　使用不合格计量器具或者破坏计量器具准确度和伪造数据，给国家和消费者造成损失的，责令其赔偿损失，没收计量器具和全部违法所得，可并处 2000 元以下的罚款。

第四十七条　经营销售残次计量器具零配件的，责令其停止经营销售，没收残次计量器具零配件和全部违法所得，可并处 2000 元以下的罚款；情节严重的，由工商行政管理部门吊销其营业执照。

第四十八条　制造、销售、使用以欺骗消费者为目的的计量器具的单位和个人，没收其计量器具和全部违法所得，可并处 2000 元以下的罚款；构成犯罪的，对个人或者单位直接责任人员，依法追究刑事责任。

第四十九条　个体工商户制造、修理国家规定范围以外的计量器具或者不按照规定场所从事经营活动的，责令其停止制造、修理，没收全部违法所得，可并处以 500 元以下的罚款。

第五十条　未取得计量认证合格证书的产品质量检验机构，为社会提供公证数据的，责令其停止检验，可并处 1000 元以下的罚款。

第五十一条　伪造、盗用、倒卖强制检定印、证的，没收其非法检定印、证和全部违法所得，可并处 2000 元以下的罚款；构成犯罪的，依法追究刑事责任。

第五十二条　计量监督管理人员违法失职，徇私舞弊，情节轻微的，给予行政处分；构成犯罪的，依法追究刑事责任。

第五十三条 负责计量器具新产品定型鉴定、样机试验的单位，违反本细则第十七条第二款规定的，应当按照国家有关规定，赔偿申请单位的损失，并给予直接责任人员行政处分；构成犯罪的，依法追究刑事责任。

第五十四条 计量检定人员有下列行为之一的，给予行政处分；构成犯罪的，依法追究刑事责任：

（一）伪造检定数据的；

（二）出具错误数据，给送检一方造成损失的；

（三）违反计量检定规程进行计量检定的；

（四）使用未经考核合格的计量标准开展检定的；

（五）未经考核合格执行计量检定的。

第五十五条 本细则规定的行政处罚，由县级以上地方人民政府计量行政部门决定。罚款 1 万元以上的，应当报省级人民政府计量行政部门决定。没收违法所得及罚款一律上缴国库。

本细则第四十六条规定的行政处罚，也可以由工商行政管理部门决定。

第十一章 附则

第五十六条 本细则下列用语的含义是：

（一）计量器具是指能用以直接或间接测出被测对象量值的装置、仪器仪表、量具和用于统一量值的标准物质，包括计量基准、计量标准、工作计量器具。

（二）计量检定是指为评定计量器具的计量性能，确定其是否合格所进行的全部工作。

（三）定型鉴定是指对计量器具新产品样机的计量性能进行全面审查、考核。

（四）计量认证是指政府计量行政部门对有关技术机构计量检定、测试的能力和可靠性进行的考核和证明。

（五）计量检定机构是指承担计量检定工作的有关技术机构。

（六）仲裁检定是指用计量基准或者社会公用计量标准所进行的以裁决为目的的计量检定、测试活动。

第五十七条 中国人民解放军和国防科技工业系统涉及本系统以外的计量工作的监督管理，亦适用本细则。

第五十八条 本细则有关的管理办法、管理范围和各种印、证标志，由国务院计量行政部门制定。

第五十九条 本细则由国务院计量行政部门负责解释。

第六十条 本细则自发布之日起施行。

附录 2 建设工程质量管理条例

（2000 年 1 月 30 日中华人民共和国国务院令第 279 号发布 根据 2017 年 10 月 7 日《国务院关于修改部分行政法规的决定》第一次修订 根据 2019 年 4 月 23 日《国务院关于修改部分行政法规的决定》第二次修订）

第一章 总则

第一条 为了加强对建设工程质量的管理，保证建设工程质量，保护人民生命和财产安全，根据《中华人民共和国建筑法》，制定本条例。

第二条 凡在中华人民共和国境内从事建设工程的新建、扩建、改建等有关活动及实施对建设工程质量监督管理的，必须遵守本条例。

本条例所称建设工程，是指土木工程、建筑工程、线路管道和设备安装工程及装修工程。

第三条 建设单位、勘察单位、设计单位、施工单位、工程监理单位依法对建设工程质量负责。

第四条 县级以上人民政府建设行政主管部门和其他有关部门应当加强对建设工程质量的监督管理。

第五条 从事建设工程活动，必须严格执行基本建设程序，坚持先勘察、后设计、再施工的原则。

县级以上人民政府及其有关部门不得超越权限审批建设项目或者擅自简化基本建设程序。

第六条 国家鼓励采用先进的科学技术和管理方法，提高建设工程质量。

第二章 建设单位的质量责任和义务

第七条 建设单位应当将工程发包给具有相应资质等级的单位。

建设单位不得将建设工程肢解发包。

第八条 建设单位应当依法对工程建设项目的勘察、设计、施工、监理以及与工程建设有关的重要设备、材料等的采购进行招标。

第九条 建设单位必须向有关的勘察、设计、施工、工程监理等单位提供与建设工程有关的原始资料。

原始资料必须真实、准确、齐全。

第十条 建设工程发包单位，不得迫使承包方以低于成本的价格竞标，不得任意压缩合理工期。

建设单位不得明示或者暗示设计单位或者施工单位违反工程建设强制性标准，降低建设工程质量。

第十一条 施工图设计文件审查的具体办法，由国务院建设行政主管部门、国务院其他有关部门制定。

施工图设计文件未经审查批准的，不得使用。

第十二条 实行监理的建设工程，建设单位应当委托具有相应资质等级的工程监理单位进行监理，也可以委托具有工程监理相应资质等级并与被监理工程的施工承包单位没有隶属关系或者其他利害关系的该工程的设计单位进行监理。

下列建设工程必须实行监理：

（一）国家重点建设工程；

（二）大中型公用事业工程；

（三）成片开发建设的住宅小区工程；

（四）利用外国政府或者国际组织贷款、援助资金的工程；

（五）国家规定必须实行监理的其他工程。

第十三条 建设单位在开工前，应当按照国家有关规定办理工程质量监督手续，工程质量监督手续可以与施工许可证或者开工报告合并办理。

第十四条 按照合同约定，由建设单位采购建筑材料、建筑构配件和设备的，建设单位应当保证建筑材料、建筑构配件和设备符合设计文件和合同要求。

建设单位不得明示或者暗示施工单位使用不合格的建筑材料、建筑构配件和设备。

第十五条 涉及建筑主体和承重结构变动的装修工程，建设单位应当在施工前委托原设计单位或者具有相应资质等级的设计单位提出设计方案；没有设计方案的，不得施工。

房屋建筑使用者在装修过程中，不得擅自变动房屋建筑主体和承重结构。

第十六条 建设单位收到建设工程竣工报告后，应当组织设计、施工、工程监理等有关单位进行竣工验收。

建设工程竣工验收应当具备下列条件：

（一）完成建设工程设计和合同约定的各项内容；

（二）有完整的技术档案和施工管理资料；

（三）有工程使用的主要建筑材料、建筑构配件和设备的进场试验报告；

（四）有勘察、设计、施工、工程监理等单位分别签署的质量合格文件；

（五）有施工单位签署的工程保修书。

建设工程经验收合格的，方可交付使用。

第十七条 建设单位应当严格按照国家有关档案管理的规定，及时收集、整理建设项目各环节的文件资料，建立、健全建设项目档案，并在建设工程竣工验收后，及时向建设行政主管部门或者其他有关部门移交建设项目档案。

第三章 勘察、设计单位的质量责任和义务

第十八条 从事建设工程勘察、设计的单位应当依法取得相应等级的资质证书，并在其资质等级许可的范围内承揽工程。

禁止勘察、设计单位超越其资质等级许可的范围或者以其他勘察、设计单位的名义承揽工程。禁止勘察、设计单位允许其他单位或者个人以本单位的名义承揽工程。

勘察、设计单位不得转包或者违法分包所承揽的工程。

第十九条 勘察、设计单位必须按照工程建设强制性标准进行勘察、设计，并对其勘

察、设计的质量负责。

注册建筑师、注册结构工程师等注册执业人员应当在设计文件上签字，对设计文件负责。

第二十条 勘察单位提供的地质、测量、水文等勘察成果必须真实、准确。

第二十一条 设计单位应当根据勘察成果文件进行建设工程设计。

设计文件应当符合国家规定的设计深度要求，注明工程合理使用年限。

第二十二条 设计单位在设计文件中选用的建筑材料、建筑构配件和设备，应当注明规格、型号、性能等技术指标，其质量要求必须符合国家规定的标准。

除有特殊要求的建筑材料、专用设备、工艺生产线等外，设计单位不得指定生产厂、供应商。

第二十三条 设计单位应当就审查合格的施工图设计文件向施工单位作出详细说明。

第二十四条 设计单位应当参与建设工程质量事故分析，并对因设计造成的质量事故，提出相应的技术处理方案。

第四章 施工单位的质量责任和义务

第二十五条 施工单位应当依法取得相应等级的资质证书，并在其资质等级许可的范围内承揽工程。

禁止施工单位超越本单位资质等级许可的业务范围或者以其他施工单位的名义承揽工程。禁止施工单位允许其他单位或者个人以本单位的名义承揽工程。

施工单位不得转包或者违法分包工程。

第二十六条 施工单位对建设工程的施工质量负责。

施工单位应当建立质量责任制，确定工程项目的项目经理、技术负责人和施工管理责任人。

建设工程实行总承包的，总承包单位应当对全部建设工程质量负责；建设工程勘察、设计、施工、设备采购的一项或者多项实行总承包的，总承包单位应当对其承包的建设工程或者采购的设备的质量负责。

第二十七条 总承包单位依法将建设工程分包给其他单位的，分包单位应当按照分包合同的约定对其分包工程的质量向总承包单位负责，总承包单位与分包单位对分包工程的质量承担连带责任。

第二十八条 施工单位必须按照工程设计图纸和施工技术标准施工，不得擅自修改工程设计，不得偷工减料。

施工单位在施工过程中发现设计文件和图纸有差错的，应当及时提出意见和建议。

第二十九条 施工单位必须按照工程设计要求、施工技术标准和合同约定，对建筑材料、建筑构配件、设备和商品混凝土进行检验，检验应当有书面记录和专人签字；未经检验或者检验不合格的，不得使用。

第三十条 施工单位必须建立、健全施工质量的检验制度，严格工序管理，作好隐蔽工程的质量检查和记录。隐蔽工程在隐蔽前，施工单位应当通知建设单位和建设工程质量监督机构。

第三十一条 施工人员对涉及结构安全的试块、试件以及有关材料，应当在建设单位或者工程监理单位监督下现场取样，并送具有相应资质等级的质量检测单位进行检测。

第三十二条　施工单位对施工中出现质量问题的建设工程或者竣工验收不合格的建设工程，应当负责返修。

第三十三条　施工单位应当建立、健全教育培训制度，加强对职工的教育培训；未经教育培训或者考核不合格的人员，不得上岗作业。

第五章　工程监理单位的质量责任和义务

第三十四条　工程监理单位应当依法取得相应等级的资质证书，并在其资质等级许可的范围内承担工程监理业务。

禁止工程监理单位超越本单位资质等级许可的范围或者以其他工程监理单位的名义承担工程监理业务。禁止工程监理单位允许其他单位或者个人以本单位的名义承担工程监理业务。

工程监理单位不得转让工程监理业务。

第三十五条　工程监理单位与被监理工程的施工承包单位以及建筑材料、建筑构配件和设备供应单位有隶属关系或者其他利害关系的，不得承担该项建设工程的监理业务。

第三十六条　工程监理单位应当依照法律、法规以及有关技术标准、设计文件和建设工程承包合同，代表建设单位对施工质量实施监理，并对施工质量承担监理责任。

第三十七条　工程监理单位应当选派具备相应资格的总监理工程师和监理工程师进驻施工现场。

未经监理工程师签字，建筑材料、建筑构配件和设备不得在工程上使用或者安装，施工单位不得进行下一道工序的施工。未经总监理工程师签字，建设单位不拨付工程款，不进行竣工验收。

第三十八条　监理工程师应当按照工程监理规范的要求，采取旁站、巡视和平行检验等形式，对建设工程实施监理。

第六章　建设工程质量保修

第三十九条　建设工程实行质量保修制度。

建设工程承包单位在向建设单位提交工程竣工验收报告时，应当向建设单位出具质量保修书。质量保修书中应当明确建设工程的保修范围、保修期限和保修责任等。

第四十条　在正常使用条件下，建设工程的最低保修期限为：

（一）基础设施工程、房屋建筑的地基基础工程和主体结构工程，为设计文件规定的该工程的合理使用年限；

（二）屋面防水工程、有防水要求的卫生间、房间和外墙面的防渗漏，为 5 年；

（三）供热与供冷系统，为 2 个采暖期、供冷期；

（四）电气管线、给排水管道、设备安装和装修工程，为 2 年。

其他项目的保修期限由发包方与承包方约定。

建设工程的保修期，自竣工验收合格之日起计算。

第四十一条　建设工程在保修范围和保修期限内发生质量问题的，施工单位应当履行保修义务，并对造成的损失承担赔偿责任。

第四十二条 建设工程在超过合理使用年限后需要继续使用的，产权所有人应当委托具有相应资质等级的勘察、设计单位鉴定，并根据鉴定结果采取加固、维修等措施，重新界定使用期。

第七章 监督管理

第四十三条 国家实行建设工程质量监督管理制度。

国务院建设行政主管部门对全国的建设工程质量实施统一监督管理。国务院铁路、交通、水利等有关部门按照国务院规定的职责分工，负责对全国的有关专业建设工程质量的监督管理。

县级以上地方人民政府建设行政主管部门对本行政区域内的建设工程质量实施监督管理。县级以上地方人民政府交通、水利等有关部门在各自的职责范围内，负责对本行政区域内的专业建设工程质量的监督管理。

第四十四条 国务院建设行政主管部门和国务院铁路、交通、水利等有关部门应当加强对有关建设工程质量的法律、法规和强制性标准执行情况的监督检查。

第四十五条 国务院发展计划部门按照国务院规定的职责，组织稽察特派员，对国家出资的重大建设项目实施监督检查。

国务院经济贸易主管部门按照国务院规定的职责，对国家重大技术改造项目实施监督检查。

第四十六条 建设工程质量监督管理，可以由建设行政主管部门或者其他有关部门委托的建设工程质量监督机构具体实施。

从事房屋建筑工程和市政基础设施工程质量监督的机构，必须按照国家有关规定经国务院建设行政主管部门或者省、自治区、直辖市人民政府建设行政主管部门考核；从事专业建设工程质量监督的机构，必须按照国家有关规定经国务院有关部门或者省、自治区、直辖市人民政府有关部门考核。经考核合格后，方可实施质量监督。

第四十七条 县级以上地方人民政府建设行政主管部门和其他有关部门应当加强对有关建设工程质量的法律、法规和强制性标准执行情况的监督检查。

第四十八条 县级以上人民政府建设行政主管部门和其他有关部门履行监督检查职责时，有权采取下列措施：

（一）要求被检查的单位提供有关工程质量的文件和资料；

（二）进入被检查单位的施工现场进行检查；

（三）发现有影响工程质量的问题时，责令改正。

第四十九条 建设单位应当自建设工程竣工验收合格之日起 15 日内，将建设工程竣工验收报告和规划、公安消防、环保等部门出具的认可文件或者准许使用文件报建设行政主管部门或者其他有关部门备案。

建设行政主管部门或者其他有关部门发现建设单位在竣工验收过程中有违反国家有关建设工程质量管理规定行为的，责令停止使用，重新组织竣工验收。

第五十条 有关单位和个人对县级以上人民政府建设行政主管部门和其他有关部门进行的监督检查应当支持与配合，不得拒绝或者阻碍建设工程质量监督检查人员依法执行职务。

第五十一条　供水、供电、供气、公安消防等部门或者单位不得明示或者暗示建设单位、施工单位购买其指定的生产供应单位的建筑材料、建筑构配件和设备。

第五十二条　建设工程发生质量事故，有关单位应当在 24 小时内向当地建设行政主管部门和其他有关部门报告。对重大质量事故，事故发生地的建设行政主管部门和其他有关部门应当按照事故类别和等级向当地人民政府和上级建设行政主管部门和其他有关部门报告。

特别重大质量事故的调查程序按照国务院有关规定办理。

第五十三条　任何单位和个人对建设工程的质量事故、质量缺陷都有权检举、控告、投诉。

第八章　罚则

第五十四条　违反本条例规定，建设单位将建设工程发包给不具有相应资质等级的勘察、设计、施工单位或者委托给不具有相应资质等级的工程监理单位的，责令改正，处 50 万元以上 100 万元以下的罚款。

第五十五条　违反本条例规定，建设单位将建设工程肢解发包的，责令改正，处工程合同价款 0.5%以上 1%以下的罚款；对全部或者部分使用国有资金的项目，并可以暂停项目执行或者暂停资金拨付。

第五十六条　违反本条例规定，建设单位有下列行为之一的，责令改正，处 20 万元以上 50 万元以下的罚款：

（一）迫使承包方以低于成本的价格竞标的；

（二）任意压缩合理工期的；

（三）明示或者暗示设计单位或者施工单位违反工程建设强制性标准，降低工程质量的；

（四）施工图设计文件未经审查或者审查不合格，擅自施工的；

（五）建设项目必须实行工程监理而未实行工程监理的；

（六）未按照国家规定办理工程质量监督手续的；

（七）明示或者暗示施工单位使用不合格的建筑材料、建筑构配件和设备的；

（八）未按照国家规定将竣工验收报告、有关认可文件或者准许使用文件报送备案的。

第五十七条　违反本条例规定，建设单位未取得施工许可证或者开工报告未经批准，擅自施工的，责令停止施工，限期改正，处工程合同价款 1%以上 2%以下的罚款。

第五十八条　违反本条例规定，建设单位有下列行为之一的，责令改正，处工程合同价款 2%以上 4%以下的罚款；造成损失的，依法承担赔偿责任：

（一）未组织竣工验收，擅自交付使用的；

（二）验收不合格，擅自交付使用的；

（三）对不合格的建设工程按照合格工程验收的。

第五十九条　违反本条例规定，建设工程竣工验收后，建设单位未向建设行政主管部门或者其他有关部门移交建设项目档案的，责令改正，处 1 万元以上 10 万元以下的罚款。

第六十条　违反本条例规定，勘察、设计、施工、工程监理单位超越本单位资质等级承揽工程的，责令停止违法行为，对勘察、设计单位或者工程监理单位处合同约定的勘察费、设计费或者监理酬金 1 倍以上 2 倍以下的罚款；对施工单位处工程合同价款 2%以上 4%以下的罚款，可以责令停业整顿，降低资质等级；情节严重的，吊销资质证书；有违法所得的，予以没收。

未取得资质证书承揽工程的，予以取缔，依照前款规定处以罚款；有违法所得的，予以没收。

以欺骗手段取得资质证书承揽工程的，吊销资质证书，依照本条第一款规定处以罚款；有违法所得的，予以没收。

第六十一条　违反本条例规定，勘察、设计、施工、工程监理单位允许其他单位或者个人以本单位名义承揽工程的，责令改正，没收违法所得，对勘察、设计单位和工程监理单位处合同约定的勘察费、设计费和监理酬金 1 倍以上 2 倍以下的罚款；对施工单位处工程合同价款 2%以上 4%以下的罚款；可以责令停业整顿，降低资质等级；情节严重的，吊销资质证书。

第六十二条　违反本条例规定，承包单位将承包的工程转包或者违法分包的，责令改正，没收违法所得，对勘察、设计单位处合同约定的勘察费、设计费 25%以上 50%以下的罚款；对施工单位处工程合同价款 0.5%以上 1%以下的罚款；可以责令停业整顿，降低资质等级；情节严重的，吊销资质证书。

工程监理单位转让工程监理业务的，责令改正，没收违法所得，处合同约定的监理酬金 25%以上 50%以下的罚款；可以责令停业整顿，降低资质等级；情节严重的，吊销资质证书。

第六十三条　违反本条例规定，有下列行为之一的，责令改正，处 10 万元以上 30 万元以下的罚款：

（一）勘察单位未按照工程建设强制性标准进行勘察的；

（二）设计单位未根据勘察成果文件进行工程设计的；

（三）设计单位指定建筑材料、建筑构配件的生产厂、供应商的；

（四）设计单位未按照工程建设强制性标准进行设计的。

有前款所列行为，造成工程质量事故的，责令停业整顿，降低资质等级；情节严重的，吊销资质证书；造成损失的，依法承担赔偿责任。

第六十四条　违反本条例规定，施工单位在施工中偷工减料的，使用不合格的建筑材料、建筑构配件和设备的，或者有不按照工程设计图纸或者施工技术标准施工的其他行为的，责令改正，处工程合同价款 2%以上 4%以下的罚款；造成建设工程质量不符合规定的质量标准的，负责返工、修理，并赔偿因此造成的损失；情节严重的，责令停业整顿，降低资质等级或者吊销资质证书。

第六十五条　违反本条例规定，施工单位未对建筑材料、建筑构配件、设备和商品混凝土进行检验，或者未对涉及结构安全的试块、试件以及有关材料取样检测的，责令改正，处 10 万元以上 20 万元以下的罚款；情节严重的，责令停业整顿，降低资质等级或者吊销资质证书；造成损失的，依法承担赔偿责任。

第六十六条　违反本条例规定，施工单位不履行保修义务或者拖延履行保修义务的，责令改正，处 10 万元以上 20 万元以下的罚款，并对在保修期内因质量缺陷造成的损失承担赔偿责任。

第六十七条　工程监理单位有下列行为之一的，责令改正，处 50 万元以上 100 万元以下的罚款，降低资质等级或者吊销资质证书；有违法所得的，予以没收；造成损失的，承担连带赔偿责任：

（一）与建设单位或者施工单位串通，弄虚作假、降低工程质量的；

（二）将不合格的建设工程、建筑材料、建筑构配件和设备按照合格签字的。

第六十八条　违反本条例规定，工程监理单位与被监理工程的施工承包单位以及建筑材料、建筑构配件和设备供应单位有隶属关系或者其他利害关系承担该项建设工程的监理业务的，责令改正，处 5 万元以上 10 万元以下的罚款，降低资质等级或者吊销资质证书；有违法所得的，予以没收。

第六十九条　违反本条例规定，涉及建筑主体或者承重结构变动的装修工程，没有设计方案擅自施工的，责令改正，处 50 万元以上 100 万元以下的罚款；房屋建筑使用者在装修过程中擅自变动房屋建筑主体和承重结构的，责令改正，处 5 万元以上 10 万元以下的罚款。

有前款所列行为，造成损失的，依法承担赔偿责任。

第七十条　发生重大工程质量事故隐瞒不报、谎报或者拖延报告期限的，对直接负责的主管人员和其他责任人员依法给予行政处分。

第七十一条　违反本条例规定，供水、供电、供气、公安消防等部门或者单位明示或者暗示建设单位或者施工单位购买其指定的生产供应单位的建筑材料、建筑构配件和设备的，责令改正。

第七十二条　违反本条例规定，注册建筑师、注册结构工程师、监理工程师等注册执业人员因过错造成质量事故的，责令停止执业 1 年；造成重大质量事故的，吊销执业资格证书，5 年以内不予注册；情节特别恶劣的，终身不予注册。

第七十三条　依照本条例规定，给予单位罚款处罚的，对单位直接负责的主管人员和其他直接责任人员处单位罚款数额 5%以上 10%以下的罚款。

第七十四条　建设单位、设计单位、施工单位、工程监理单位违反国家规定，降低工程质量标准，造成重大安全事故，构成犯罪的，对直接责任人员依法追究刑事责任。

第七十五条　本条例规定的责令停业整顿，降低资质等级和吊销资质证书的行政处罚，由颁发资质证书的机关决定；其他行政处罚，由建设行政主管部门或者其他有关部门依照法定职权决定。

依照本条例规定被吊销资质证书的，由工商行政管理部门吊销其营业执照。

第七十六条　国家机关工作人员在建设工程质量监督管理工作中玩忽职守、滥用职权、徇私舞弊，构成犯罪的，依法追究刑事责任；尚不构成犯罪的，依法给予行政处分。

第七十七条　建设、勘察、设计、施工、工程监理单位的工作人员因调动工作、退休等原因离开该单位后，被发现在该单位工作期间违反国家有关建设工程质量管理规定，造成重大工程质量事故的，仍应当依法追究法律责任。

第九章　附则

第七十八条　本条例所称肢解发包，是指建设单位将应当由一个承包单位完成的建设工程分解成若干部分发包给不同的承包单位的行为。

本条例所称违法分包，是指下列行为：

（一）总承包单位将建设工程分包给不具备相应资质条件的单位的；

（二）建设工程总承包合同中未有约定，又未经建设单位认可，承包单位将其承包的部分建设工程交由其他单位完成的；

（三）施工总承包单位将建设工程主体结构的施工分包给其他单位的；

（四）分包单位将其承包的建设工程再分包的。

本条例所称转包，是指承包单位承包建设工程后，不履行合同约定的责任和义务，将其承包的全部建设工程转给他人或者将其承包的全部建设工程肢解以后以分包的名义分别转给其他单位承包的行为。

第七十九条　本条例规定的罚款和没收的违法所得，必须全部上缴国库。

第八十条　抢险救灾及其他临时性房屋建筑和农民自建低层住宅的建设活动，不适用本条例。

第八十一条　军事建设工程的管理，按照中央军事委员会的有关规定执行。

第八十二条　本条例自发布之日起施行。

附：《刑法》有关条款

第一百三十七条　建设单位、设计单位、施工单位、工程监理单位违反国家规定，降低工程质量标准，造成重大安全事故的，对直接责任人员处五年以下有期徒刑或者拘役，并处罚金；后果特别严重的，处五年以上十年以下有期徒刑，并处罚金。

附录3 建设工程质量检测管理办法

（2022年12月29日中华人民共和国住房和城乡建设部令第57号公布 自2023年3月1日起施行）

第一章 总则

第一条 为了加强对建设工程质量检测的管理，根据《中华人民共和国建筑法》《建设工程质量管理条例》《建设工程抗震管理条例》等法律、行政法规，制定本办法。

第二条 从事建设工程质量检测相关活动及其监督管理，适用本办法。

本办法所称建设工程质量检测，是指在新建、扩建、改建房屋建筑和市政基础设施工程活动中，建设工程质量检测机构（以下简称检测机构）接受委托，依据国家有关法律、法规和标准，对建设工程涉及结构安全、主要使用功能的检测项目，进入施工现场的建筑材料、建筑构配件、设备，以及工程实体质量等进行的检测。

第三条 检测机构应当按照本办法取得建设工程质量检测机构资质（以下简称检测机构资质），并在资质许可的范围内从事建设工程质量检测活动。

未取得相应资质证书的，不得承担本办法规定的建设工程质量检测业务。

第四条 国务院住房和城乡建设主管部门负责全国建设工程质量检测活动的监督管理。

县级以上地方人民政府住房和城乡建设主管部门负责本行政区域内建设工程质量检测活动的监督管理，可以委托所属的建设工程质量监督机构具体实施。

第二章 检测机构资质管理

第五条 检测机构资质分为综合类资质、专项类资质。

检测机构资质标准和业务范围，由国务院住房和城乡建设主管部门制定。

第六条 申请检测机构资质的单位应当是具有独立法人资格的企业、事业单位，或者依法设立的合伙企业，并具备相应的人员、仪器设备、检测场所、质量保证体系等条件。

第七条 省、自治区、直辖市人民政府住房和城乡建设主管部门负责本行政区域内检测机构的资质许可。

第八条 申请检测机构资质应当向登记地所在省、自治区、直辖市人民政府住房和城乡建设主管部门提出，并提交下列材料：

（一）检测机构资质申请表；

（二）主要检测仪器、设备清单；

（三）检测场所不动产权属证书或者租赁合同；

（四）技术人员的职称证书；

（五）检测机构管理制度以及质量控制措施。

检测机构资质申请表由国务院住房和城乡建设主管部门制定格式。

第九条　资质许可机关受理申请后，应当进行材料审查和专家评审，在 20 个工作日内完成审查并作出书面决定。对符合资质标准的，自作出决定之日起 10 个工作日内颁发检测机构资质证书，并报国务院住房和城乡建设主管部门备案。专家评审时间不计算在资质许可期限内。

第十条　检测机构资质证书实行电子证照，由国务院住房和城乡建设主管部门制定格式。资质证书有效期为 5 年。

第十一条　申请综合类资质或者资质增项的检测机构，在申请之日起前一年内有本办法第三十条规定行为的，资质许可机关不予批准其申请。

取得资质的检测机构，按照本办法第三十五条应当整改但尚未完成整改的，对其综合类资质或者资质增项申请，资质许可机关不予批准。

第十二条　检测机构需要延续资质证书有效期的，应当在资质证书有效期届满 30 个工作日前向资质许可机关提出资质延续申请。

对符合资质标准且在资质证书有效期内无本办法第三十条规定行为的检测机构，经资质许可机关同意，有效期延续 5 年。

第十三条　检测机构在资质证书有效期内名称、地址、法定代表人等发生变更的，应当在办理营业执照或者法人证书变更手续后 30 个工作日内办理资质证书变更手续。资质许可机关应当在 2 个工作日内办理完毕。

检测机构检测场所、技术人员、仪器设备等事项发生变更影响其符合资质标准的，应当在变更后 30 个工作日内向资质许可机关提出资质重新核定申请，资质许可机关应当在 20 个工作日内完成审查，并作出书面决定。

第三章　检测活动管理

第十四条　从事建设工程质量检测活动，应当遵守相关法律、法规和标准，相关人员应当具备相应的建设工程质量检测知识和专业能力。

第十五条　检测机构与所检测建设工程相关的建设、施工、监理单位，以及建筑材料、建筑构配件和设备供应单位不得有隶属关系或者其他利害关系。

检测机构及其工作人员不得推荐或者监制建筑材料、建筑构配件和设备。

第十六条　委托方应当委托具有相应资质的检测机构开展建设工程质量检测业务。检测机构应当按照法律、法规和标准进行建设工程质量检测，并出具检测报告。

第十七条　建设单位应当在编制工程概预算时合理核算建设工程质量检测费用，单独列支并按照合同约定及时支付。

第十八条　建设单位委托检测机构开展建设工程质量检测活动的，建设单位或者监理单位应当对建设工程质量检测活动实施见证。见证人员应当制作见证记录，记录取样、制样、标识、封志、送检以及现场检测等情况，并签字确认。

第十九条　提供检测试样的单位和个人，应当对检测试样的符合性、真实性及代表性负责。检测试样应当具有清晰的、不易脱落的唯一性标识、封志。

建设单位委托检测机构开展建设工程质量检测活动的，施工人员应当在建设单位或者监理单位的见证人员监督下现场取样。

第二十条 现场检测或者检测试样送检时，应当由检测内容提供单位、送检单位等填写委托单。委托单应当由送检人员、见证人员等签字确认。

检测机构接收检测试样时，应当对试样状况、标识、封志等符合性进行检查，确认无误后方可进行检测。

第二十一条 检测报告经检测人员、审核人员、检测机构法定代表人或者其授权的签字人等签署，并加盖检测专用章后方可生效。

检测报告中应当包括检测项目代表数量（批次）、检测依据、检测场所地址、检测数据、检测结果、见证人员单位及姓名等相关信息。

非建设单位委托的检测机构出具的检测报告不得作为工程质量验收资料。

第二十二条 检测机构应当建立建设工程过程数据和结果数据、检测影像资料及检测报告记录与留存制度，对检测数据和检测报告的真实性、准确性负责。

第二十三条 任何单位和个人不得明示或者暗示检测机构出具虚假检测报告，不得篡改或者伪造检测报告。

第二十四条 检测机构在检测过程中发现建设、施工、监理单位存在违反有关法律法规规定和工程建设强制性标准等行为，以及检测项目涉及结构安全、主要使用功能检测结果不合格的，应当及时报告建设工程所在地县级以上地方人民政府住房和城乡建设主管部门。

第二十五条 检测结果利害关系人对检测结果存在争议的，可以委托共同认可的检测机构复检。

第二十六条 检测机构应当建立档案管理制度。检测合同、委托单、检测数据原始记录、检测报告按照年度统一编号，编号应当连续，不得随意抽撤、涂改。

检测机构应当单独建立检测结果不合格项目台账。

第二十七条 检测机构应当建立信息化管理系统，对检测业务受理、检测数据采集、检测信息上传、检测报告出具、检测档案管理等活动进行信息化管理，保证建设工程质量检测活动全过程可追溯。

第二十八条 检测机构应当保持人员、仪器设备、检测场所、质量保证体系等方面符合建设工程质量检测资质标准，加强检测人员培训，按照有关规定对仪器设备进行定期检定或者校准，确保检测技术能力持续满足所开展建设工程质量检测活动的要求。

第二十九条 检测机构跨省、自治区、直辖市承担检测业务的，应当向建设工程所在地的省、自治区、直辖市人民政府住房和城乡建设主管部门备案。

检测机构在承担检测业务所在地的人员、仪器设备、检测场所、质量保证体系等应当满足开展相应建设工程质量检测活动的要求。

第三十条 检测机构不得有下列行为：

（一）超出资质许可范围从事建设工程质量检测活动；

（二）转包或者违法分包建设工程质量检测业务；

（三）涂改、倒卖、出租、出借或者以其他形式非法转让资质证书；

（四）违反工程建设强制性标准进行检测；

（五）使用不能满足所开展建设工程质量检测活动要求的检测人员或者仪器设备；

（六）出具虚假的检测数据或者检测报告。

第三十一条 检测人员不得有下列行为：

（一）同时受聘于两家或者两家以上检测机构；

（二）违反工程建设强制性标准进行检测；

（三）出具虚假的检测数据；

（四）违反工程建设强制性标准进行结论判定或者出具虚假判定结论。

第四章 监督管理

第三十二条 县级以上地方人民政府住房和城乡建设主管部门应当加强对建设工程质量检测活动的监督管理，建立建设工程质量检测监管信息系统，提高信息化监管水平。

第三十三条 县级以上人民政府住房和城乡建设主管部门应当对检测机构实行动态监管，通过"双随机、一公开"等方式开展监督检查。

实施监督检查时，有权采取下列措施：

（一）进入建设工程施工现场或者检测机构的工作场地进行检查、抽测；

（二）向检测机构、委托方、相关单位和人员询问、调查有关情况；

（三）对检测人员的建设工程质量检测知识和专业能力进行检查；

（四）查阅、复制有关检测数据、影像资料、报告、合同以及其他相关资料；

（五）组织实施能力验证或者比对试验；

（六）法律、法规规定的其他措施。

第三十四条 县级以上地方人民政府住房和城乡建设主管部门应当加强建设工程质量监督抽测。建设工程质量监督抽测可以通过政府购买服务的方式实施。

第三十五条 检测机构取得检测机构资质后，不再符合相应资质标准的，资质许可机关应当责令其限期整改并向社会公开。检测机构完成整改后，应当向资质许可机关提出资质重新核定申请。重新核定符合资质标准前出具的检测报告不得作为工程质量验收资料。

第三十六条 县级以上地方人民政府住房和城乡建设主管部门对检测机构实施行政处罚的，应当自行政处罚决定书送达之日起 20 个工作日内告知检测机构的资质许可机关和违法行为发生地省、自治区、直辖市人民政府住房和城乡建设主管部门。

第三十七条 县级以上地方人民政府住房和城乡建设主管部门应当依法将建设工程质量检测活动相关单位和人员受到的行政处罚等信息予以公开，建立信用管理制度，实行守信激励和失信惩戒。

第三十八条 对建设工程质量检测活动中的违法违规行为，任何单位和个人有权向建设工程所在地县级以上人民政府住房和城乡建设主管部门投诉、举报。

第五章 法律责任

第三十九条 违反本办法规定，未取得相应资质、资质证书已过有效期或者超出资质许可范围从事建设工程质量检测活动的，其检测报告无效，由县级以上地方人民政府住房和城乡建设主管部门处 5 万元以上 10 万元以下罚款；造成危害后果的，处 10 万元以上 20 万元以下罚款；构成犯罪的，依法追究刑事责任。

第四十条 检测机构隐瞒有关情况或者提供虚假材料申请资质，资质许可机关不予受理或者不予行政许可，并给予警告；检测机构 1 年内不得再次申请资质。

第四十一条 以欺骗、贿赂等不正当手段取得资质证书的，由资质许可机关予以撤销；由县级以上地方人民政府住房和城乡建设主管部门给予警告或者通报批评，并处5万元以上10万元以下罚款；检测机构3年内不得再次申请资质；构成犯罪的，依法追究刑事责任。

第四十二条 检测机构未按照本办法第十三条第一款规定办理检测机构资质证书变更手续的，由县级以上地方人民政府住房和城乡建设主管部门责令限期办理；逾期未办理的，处5000元以上1万元以下罚款。

检测机构未按照本办法第十三条第二款规定向资质许可机关提出资质重新核定申请的，由县级以上地方人民政府住房和城乡建设主管部门责令限期改正；逾期未改正的，处1万元以上3万元以下罚款。

第四十三条 检测机构违反本办法第二十二条、第三十条第六项规定的，由县级以上地方人民政府住房和城乡建设主管部门责令改正，处5万元以上10万元以下罚款；造成危害后果的，处10万元以上20万元以下罚款；构成犯罪的，依法追究刑事责任。

检测机构在建设工程抗震活动中有前款行为的，依照《建设工程抗震管理条例》有关规定给予处罚。

第四十四条 检测机构违反本办法规定，有第三十条第二项至第五项行为之一的，由县级以上地方人民政府住房和城乡建设主管部门责令改正，处5万元以上10万元以下罚款；造成危害后果的，处10万元以上20万元以下罚款；构成犯罪的，依法追究刑事责任。

检测人员违反本办法规定，有第三十一条行为之一的，由县级以上地方人民政府住房和城乡建设主管部门责令改正，处3万元以下罚款。

第四十五条 检测机构违反本办法规定，有下列行为之一的，由县级以上地方人民政府住房和城乡建设主管部门责令改正，处1万元以上5万元以下罚款：

（一）与所检测建设工程相关的建设、施工、监理单位，以及建筑材料、建筑构配件和设备供应单位有隶属关系或者其他利害关系的；

（二）推荐或者监制建筑材料、建筑构配件和设备的；

（三）未按照规定在检测报告上签字盖章的；

（四）未及时报告发现的违反有关法律法规规定和工程建设强制性标准等行为的；

（五）未及时报告涉及结构安全、主要使用功能的不合格检测结果的；

（六）未按照规定进行档案和台账管理的；

（七）未建立并使用信息化管理系统对检测活动进行管理的；

（八）不满足跨省、自治区、直辖市承担检测业务的要求开展相应建设工程质量检测活动的；

（九）接受监督检查时不如实提供有关资料、不按照要求参加能力验证和比对试验，或者拒绝、阻碍监督检查的。

第四十六条 检测机构违反本办法规定，有违法所得的，由县级以上地方人民政府住房和城乡建设主管部门依法予以没收。

第四十七条 违反本办法规定，建设、施工、监理等单位有下列行为之一的，由县级以上地方人民政府住房和城乡建设主管部门责令改正，处3万元以上10万元以下罚款；造成危害后果的，处10万元以上20万元以下罚款；构成犯罪的，依法追究刑事责任：

（一）委托未取得相应资质的检测机构进行检测的；

（二）未将建设工程质量检测费用列入工程概预算并单独列支的；

（三）未按照规定实施见证的；

（四）提供的检测试样不满足符合性、真实性、代表性要求的；

（五）明示或者暗示检测机构出具虚假检测报告的；

（六）篡改或者伪造检测报告的；

（七）取样、制样和送检试样不符合规定和工程建设强制性标准的。

第四十八条　依照本办法规定，给予单位罚款处罚的，对单位直接负责的主管人员和其他直接责任人员处 3 万元以下罚款。

第四十九条　县级以上地方人民政府住房和城乡建设主管部门工作人员在建设工程质量检测管理工作中，有下列情形之一的，依法给予处分；构成犯罪的，依法追究刑事责任：

（一）对不符合法定条件的申请人颁发资质证书的；

（二）对符合法定条件的申请人不予颁发资质证书的；

（三）对符合法定条件的申请人未在法定期限内颁发资质证书的；

（四）利用职务上的便利，索取、收受他人财物或者谋取其他利益的；

（五）不依法履行监督职责或者监督不力，造成严重后果的。

第六章　附则

第五十条　本办法自 2023 年 3 月 1 日起施行。2005 年 9 月 28 日原建设部公布的《建设工程质量检测管理办法》（建设部令第 141 号）同时废止。

附录4　建设工程质量检测机构资质标准

　　为加强建设工程质量检测（以下简称质量检测）管理，根据《建设工程质量管理条例》、《建设工程质量检测管理办法》，制定建设工程质量检测机构（以下简称检测机构）资质标准。

一、总则

　　（一）本标准包括检测机构资历及信誉、主要人员、检测设备及场所、管理水平等内容（见附件1：主要人员配备表；附件2：检测专项及检测能力表）。

　　（二）检测机构资质分为二个类别：

　　1. 综合资质

　　综合资质是指包括全部专项资质的检测机构资质。

　　2. 专项资质

　　专项资质包括：建筑材料及构配件、主体结构及装饰装修、钢结构、地基基础、建筑节能、建筑幕墙、市政工程材料、道路工程、桥梁及地下工程等9个检测机构专项资质。

　　（三）检测机构资质不分等级。

二、标准

　　（四）综合资质

　　1. 资历及信誉

　　（1）有独立法人资格的企业、事业单位，或依法设立的合伙企业，且均具有15年以上质量检测经历。

　　（2）具有建筑材料及构配件（或市政工程材料）、主体结构及装饰装修、建筑节能、钢结构、地基基础5个专项资质和其他2个专项资质。

　　（3）具备9个专项资质全部必备检测参数。

　　（4）社会信誉良好，近3年未发生过一般及以上工程质量安全责任事故。

　　2. 主要人员

　　（1）技术负责人应具有工程类专业正高级技术职称，质量负责人应具有工程类专业高级及以上技术职称，且均具有8年以上质量检测工作经历。

　　（2）注册结构工程师不少于4名（其中，一级注册结构工程师不少于2名），注册土木工程师（岩土）不少于2名，且均具有2年以上质量检测工作经历。

　　（3）技术人员不少于150人，其中具有3年以上质量检测工作经历的工程类专业中级及以上技术职称人员不少于60人、工程类专业高级及以上技术职称人员不少于30人。

　　3. 检测设备及场所

　　（1）质量检测设备设施齐全，检测仪器设备功能、量程、精度，配套设备设施满足9个专项资质全部必备检测参数要求。

（2）有满足工作需要的固定工作场所及质量检测场所。

4. 管理水平

（1）有完善的组织机构和质量管理体系，并满足《检测和校准实验室能力的通用要求》GB/T 27025—2019 要求。

（2）有完善的信息化管理系统，检测业务受理、检测数据采集、检测信息上传、检测报告出具、检测档案管理等质量检测活动全过程可追溯。

（五）专项资质

1. 资历及信誉

（1）有独立法人资格的企业、事业单位，或依法设立的合伙企业。

（2）主体结构及装饰装修、钢结构、地基基础、建筑幕墙、道路工程、桥梁及地下工程等 6 项专项资质，应当具有 3 年以上质量检测经历。

（3）具备所申请专项资质的全部必备检测参数。

（4）社会信誉良好，近 3 年未发生过一般及以上工程质量安全责任事故。

2. 主要人员

（1）技术负责人应具有工程类专业高级及以上技术职称，质量负责人应具有工程类专业中级及以上技术职称，且均具有 5 年以上质量检测工作经历。

（2）主要人员数量不少于《主要人员配备表》规定要求。

3. 检测设备及场所

（1）质量检测设备设施基本齐全，检测设备仪器功能、量程、精度，配套设备设施满足所申请专项资质的全部必备检测参数要求。

（2）有满足工作需要的固定工作场所及质量检测场所。

4. 管理水平

（1）有完善的组织机构和质量管理体系，有健全的技术、档案等管理制度。

（2）有信息化管理系统，质量检测活动全过程可追溯。

三、业务范围

（六）综合资质

承担全部专项资质中已取得检测参数的检测业务。

（七）专项资质

承担所取得专项资质范围内已取得检测参数的检测业务。

四、附则

（八）本标准规定的技术人员是指从事检测试验、检测数据处理、检测报告出具和检测活动技术管理的人员。

（九）本标准规定的人员应不超过法定退休年龄。

（十）本标准中的"以上"、"不少于"均含本数。

（十一）本标准自发布之日起施行。

（十二）本标准由住房和城乡建设部负责解释。

附录5　建设工程抗震管理条例

《建设工程抗震管理条例》已经 2021 年 5 月 12 日国务院第 135 次常务会议通过，现予公布，自 2021 年 9 月 1 日起施行。

第一章　总则

第一条　为了提高建设工程抗震防灾能力，降低地震灾害风险，保障人民生命财产安全，根据《中华人民共和国建筑法》、《中华人民共和国防震减灾法》等法律，制定本条例。

第二条　在中华人民共和国境内从事建设工程抗震的勘察、设计、施工、鉴定、加固、维护等活动及其监督管理，适用本条例。

第三条　建设工程抗震应当坚持以人为本、全面设防、突出重点的原则。

第四条　国务院住房和城乡建设主管部门对全国的建设工程抗震实施统一监督管理。国务院交通运输、水利、工业和信息化、能源等有关部门按照职责分工，负责对全国有关专业建设工程抗震的监督管理。县级以上地方人民政府住房和城乡建设主管部门对本行政区域内的建设工程抗震实施监督管理。县级以上地方人民政府交通运输、水利、工业和信息化、能源等有关部门在各自职责范围内，负责对本行政区域内有关专业建设工程抗震的监督管理。县级以上人民政府其他有关部门应当依照本条例和其他有关法律、法规的规定，在各自职责范围内负责建设工程抗震相关工作。

第五条　从事建设工程抗震相关活动的单位和人员，应当依法对建设工程抗震负责。

第六条　国家鼓励和支持建设工程抗震技术的研究、开发和应用。各级人民政府应当组织开展建设工程抗震知识宣传普及，提高社会公众抗震防灾意识。

第七条　国家建立建设工程抗震调查制度。县级以上人民政府应当组织有关部门对建设工程抗震性能、抗震技术应用、产业发展等进行调查，全面掌握建设工程抗震基本情况，促进建设工程抗震管理水平提高和科学决策。

第八条　建设工程应当避开抗震防灾专项规划确定的危险地段。确实无法避开的，应当采取符合建设工程使用功能要求和适应地震效应的抗震设防措施。

第二章　勘察、设计和施工

第九条　新建、扩建、改建建设工程，应当符合抗震设防强制性标准。国务院有关部门和国务院标准化行政主管部门依据职责依法制定和发布抗震设防强制性标准。

第十条　建设单位应当对建设工程勘察、设计和施工全过程负责，在勘察、设计和施工合同中明确拟采用的抗震设防强制性标准，按照合同要求对勘察设计成果文件进行核验，组织工程验收，确保建设工程符合抗震设防强制性标准。建设单位不得明示或者暗示勘察、设计、施工等单位和从业人员违反抗震设防强制性标准，降低工程抗震性能。

第十一条　建设工程勘察文件中应当说明抗震场地类别，对场地地震效应进行分析，并提出工程选址、不良地质处置等建议。建设工程设计文件中应当说明抗震设防烈度、抗震设防类别以及拟采用的抗震设防措施。采用隔震减震技术的建设工程，设计文件中应当对隔震减震装置技术性能、检验检测、施工安装和使用维护等提出明确要求。

第十二条　对位于高烈度设防地区、地震重点监视防御区的下列建设工程，设计单位应当在初步设计阶段按照国家有关规定编制建设工程抗震设防专篇，并作为设计文件组成部分：

（一）重大建设工程；

（二）地震时可能发生严重次生灾害的建设工程；

（三）地震时使用功能不能中断或者需要尽快恢复的建设工程。

第十三条　对超限高层建筑工程，设计单位应当在设计文件中予以说明，建设单位应当在初步设计阶段将设计文件等材料报送省、自治区、直辖市人民政府住房和城乡建设主管部门进行抗震设防审批。住房和城乡建设主管部门应当组织专家审查，对采取的抗震设防措施合理可行的，予以批准。超限高层建筑工程抗震设防审批意见应当作为施工图设计和审查的依据。前款所称超限高层建筑工程，是指超出国家现行标准所规定的适用高度和适用结构类型的高层建筑工程以及体型特别不规则的高层建筑工程。

第十四条　工程总承包单位、施工单位及工程监理单位应当建立建设工程质量责任制度，加强对建设工程抗震设防措施施工质量的管理。国家鼓励工程总承包单位、施工单位采用信息化手段采集、留存隐蔽工程施工质量信息。施工单位应当按照抗震设防强制性标准进行施工。

第十五条　建设单位应当将建筑的设计使用年限、结构体系、抗震设防烈度、抗震设防类别等具体情况和使用维护要求记入使用说明书，并将使用说明书交付使用人或者买受人。

第十六条　建筑工程根据使用功能以及在抗震救灾中的作用等因素，分为特殊设防类、重点设防类、标准设防类和适度设防类。学校、幼儿园、医院、养老机构、儿童福利机构、应急指挥中心、应急避难场所、广播电视等建筑，应当按照不低于重点设防类的要求采取抗震设防措施。位于高烈度设防地区、地震重点监视防御区的新建学校、幼儿园、医院、养老机构、儿童福利机构、应急指挥中心、应急避难场所、广播电视等建筑应当按照国家有关规定采用隔震减震等技术，保证发生本区域设防地震时能够满足正常使用要求。国家鼓励在除前款规定以外的建设工程中采用隔震减震等技术，提高抗震性能。

第十七条　国务院有关部门和国务院标准化行政主管部门应当依据各自职责推动隔震减震装置相关技术标准的制定，明确通用技术要求。鼓励隔震减震装置生产企业制定严于国家标准、行业标准的企业标准。隔震减震装置生产经营企业应当建立唯一编码制度和产品检验合格印鉴制度，采集、存储隔震减震装置生产、经营、检测等信息，确保隔震减震装置质量信息可追溯。隔震减震装置质量应当符合有关产品质量法律、法规和国家相关技术标准的规定。建设单位应当组织勘察、设计、施工、工程监理单位建立隔震减震工程质量可追溯制度，利用信息化手段对隔震减震装置采购、勘察、设计、进场检测、安装施工、竣工验收等全过程的信息资料进行采集和存储，并纳入建设项目档案。

第十八条　隔震减震装置用于建设工程前，施工单位应当在建设单位或者工程监理单位监督下进行取样，送建设单位委托的具有相应建设工程质量检测资质的机构进行检测。禁止使用不合格的隔震减震装置。实行施工总承包的，隔震减震装置属于建设工程主体结构的施工，应当由总承包单位自行完成。工程质量检测机构应当建立建设工程过程数据和结果数据、检测影像资料及检测报告记录与留存制度，对检测数据和检测报告的真实性、准确性负责，不得出具虚假的检测数据和检测报告。

第三章　鉴定、加固和维护

第十九条　国家实行建设工程抗震性能鉴定制度。按照《中华人民共和国防震减灾法》第三十九条规定应当进行抗震性能鉴定的建设工程，由所有权人委托具有相应技术条件和技术能力的机构进行鉴定。国家鼓励对除前款规定以外的未采取抗震设防措施或者未达到抗震设防强制性标准的已经建成的建设工程进行抗震性能鉴定。

第二十条　抗震性能鉴定结果应当对建设工程是否存在严重抗震安全隐患以及是否需要进行抗震加固作出判定。抗震性能鉴定结果应当真实、客观、准确。

第二十一条　建设工程所有权人应当对存在严重抗震安全隐患的建设工程进行安全监测，并在加固前采取停止或者限制使用等措施。对抗震性能鉴定结果判定需要进行抗震加固且具备加固价值的已经建成的建设工程，所有权人应当进行抗震加固。位于高烈度设防地区、地震重点监视防御区的学校、幼儿园、医院、养老机构、儿童福利机构、应急指挥中心、应急避难场所、广播电视等已经建成的建筑进行抗震加固时，应当经充分论证后采用隔震减震等技术，保证其抗震性能符合抗震设防强制性标准。

第二十二条　抗震加固应当依照《建设工程质量管理条例》等规定执行，并符合抗震设防强制性标准。竣工验收合格后，应当通过信息化手段或者在建设工程显著部位设置永久性标牌等方式，公示抗震加固时间、后续使用年限等信息。

第二十三条　建设工程所有权人应当按照规定对建设工程抗震构件、隔震沟、隔震缝、隔震减震装置及隔震标识进行检查、修缮和维护，及时排除安全隐患。任何单位和个人不得擅自变动、损坏或者拆除建设工程抗震构件、隔震沟、隔震缝、隔震减震装置及隔震标识。任何单位和个人发现擅自变动、损坏或者拆除建设工程抗震构件、隔震沟、隔震缝、隔震减震装置及隔震标识的行为，有权予以制止，并向住房和城乡建设主管部门或者其他有关监督管理部门报告。

第四章　农村建设工程抗震设防

第二十四条　各级人民政府和有关部门应当加强对农村建设工程抗震设防的管理，提高农村建设工程抗震性能。

第二十五条　县级以上人民政府对经抗震性能鉴定未达到抗震设防强制性标准的农村村民住宅和乡村公共设施建设工程抗震加固给予必要的政策支持。实施农村危房改造、移民搬迁、灾后恢复重建等，应当保证建设工程达到抗震设防强制性标准。

第二十六条　县级以上地方人民政府应当编制、发放适合农村的实用抗震技术图集。农村村民住宅建设可以选用抗震技术图集，也可以委托设计单位进行设计，并根据图集或者设计的要求进行施工。

第二十七条 县级以上地方人民政府应当加强对农村村民住宅和乡村公共设施建设工程抗震的指导和服务，加强技术培训，组织建设抗震示范住房，推广应用抗震性能好的结构形式及建造方法。

第五章 保障措施

第二十八条 县级以上人民政府应当加强对建设工程抗震管理工作的组织领导，建立建设工程抗震管理工作机制，将相关工作纳入本级国民经济和社会发展规划。县级以上人民政府应当将建设工程抗震工作所需经费列入本级预算。县级以上地方人民政府应当组织有关部门，结合本地区实际开展地震风险分析，并按照风险程度实行分类管理。

第二十九条 县级以上地方人民政府对未采取抗震设防措施或者未达到抗震设防强制性标准的老旧房屋抗震加固给予必要的政策支持。国家鼓励建设工程所有权人结合电梯加装、节能改造等开展抗震加固，提升老旧房屋抗震性能。

第三十条 国家鼓励金融机构开发、提供金融产品和服务，促进建设工程抗震防灾能力提高，支持建设工程抗震相关产业发展和新技术应用。县级以上地方人民政府鼓励和引导社会力量参与抗震性能鉴定、抗震加固。

第三十一条 国家鼓励科研教育机构设立建设工程抗震技术实验室和人才实训基地。县级以上人民政府应当依法对建设工程抗震新技术产业化项目用地、融资等给予政策支持。

第三十二条 县级以上人民政府住房和城乡建设主管部门或者其他有关监督管理部门应当制定建设工程抗震新技术推广目录，加强对建设工程抗震管理和技术人员的培训。

第三十三条 地震灾害发生后，县级以上人民政府住房和城乡建设主管部门或者其他有关监督管理部门应当开展建设工程安全应急评估和建设工程震害调查，收集、保存相关资料。

第六章 监督管理

第三十四条 县级以上人民政府住房和城乡建设主管部门和其他有关监督管理部门应当按照职责分工，加强对建设工程抗震设防强制性标准执行情况的监督检查。县级以上人民政府住房和城乡建设主管部门应当会同有关部门建立完善建设工程抗震设防数据信息库，并与应急管理、地震等部门实时共享数据。

第三十五条 县级以上人民政府住房和城乡建设主管部门或者其他有关监督管理部门履行建设工程抗震监督管理职责时，有权采取以下措施：

（一）对建设工程或者施工现场进行监督检查；

（二）向有关单位和人员调查了解相关情况；

（三）查阅、复制被检查单位有关建设工程抗震的文件和资料；

（四）对抗震结构材料、构件和隔震减震装置实施抽样检测；

（五）查封涉嫌违反抗震设防强制性标准的施工现场；

（六）发现可能影响抗震质量的问题时，责令相关单位进行必要的检测、鉴定。

第三十六条 县级以上人民政府住房和城乡建设主管部门或者其他有关监督管理部门开展监督检查时，可以委托专业机构进行抽样检测、抗震性能鉴定等技术支持工作。

第三十七条 县级以上人民政府住房和城乡建设主管部门或者其他有关监督管理部门

应当建立建设工程抗震责任企业及从业人员信用记录制度，将相关信用记录纳入全国信用信息共享平台。

第三十八条　任何单位和个人对违反本条例规定的违法行为，有权进行举报。接到举报的住房和城乡建设主管部门或者其他有关监督管理部门应当进行调查，依法处理，并为举报人保密。

第七章　法律责任

第三十九条　违反本条例规定，住房和城乡建设主管部门或者其他有关监督管理部门工作人员在监督管理工作中玩忽职守、滥用职权、徇私舞弊的，依法给予处分。

第四十条　违反本条例规定，建设单位明示或者暗示勘察、设计、施工等单位和从业人员违反抗震设防强制性标准，降低工程抗震性能的，责令改正，处 20 万元以上 50 万元以下的罚款；情节严重的，处 50 万元以上 500 万元以下的罚款；造成损失的，依法承担赔偿责任。违反本条例规定，建设单位未经超限高层建筑工程抗震设防审批进行施工的，责令停止施工，限期改正，处 20 万元以上 100 万元以下的罚款；造成损失的，依法承担赔偿责任。违反本条例规定，建设单位未组织勘察、设计、施工、工程监理单位建立隔震减震工程质量可追溯制度的，或者未对隔震减震装置采购、勘察、设计、进场检测、安装施工、竣工验收等全过程的信息资料进行采集和存储，并纳入建设项目档案的，责令改正，处 10 万元以上 30 万元以下的罚款；造成损失的，依法承担赔偿责任。

第四十一条　违反本条例规定，设计单位有下列行为之一的，责令改正，处 10 万元以上 30 万元以下的罚款；情节严重的，责令停业整顿，降低资质等级或者吊销资质证书；造成损失的，依法承担赔偿责任：

（一）未按照超限高层建筑工程抗震设防审批意见进行施工图设计；

（二）未在初步设计阶段将建设工程抗震设防专篇作为设计文件组成部分；

（三）未按照抗震设防强制性标准进行设计。

第四十二条　违反本条例规定，施工单位在施工中未按照抗震设防强制性标准进行施工的，责令改正，处工程合同价款 2%以上 4%以下的罚款；造成建设工程不符合抗震设防强制性标准的，负责返工、加固，并赔偿因此造成的损失；情节严重的，责令停业整顿，降低资质等级或者吊销资质证书。

第四十三条　违反本条例规定，施工单位未对隔震减震装置取样送检或者使用不合格隔震减震装置的，责令改正，处 10 万元以上 20 万元以下的罚款；情节严重的，责令停业整顿，并处 20 万元以上 50 万元以下的罚款，降低资质等级或者吊销资质证书；造成损失的，依法承担赔偿责任。

第四十四条　违反本条例规定，工程质量检测机构未建立建设工程过程数据和结果数据、检测影像资料及检测报告记录与留存制度的，责令改正，处 10 万元以上 30 万元以下的罚款；情节严重的，吊销资质证书；造成损失的，依法承担赔偿责任。违反本条例规定，工程质量检测机构出具虚假的检测数据或者检测报告的，责令改正，处 10 万元以上 30 万元以下的罚款；情节严重的，吊销资质证书和负有直接责任的注册执业人员的执业资格证书，其直接负责的主管人员和其他直接责任人员终身禁止从事工程质量检测业务；造成损失的，依法承担赔偿责任。

第四十五条　违反本条例规定，抗震性能鉴定机构未按照抗震设防强制性标准进行抗震性能鉴定的，责令改正，处 10 万元以上 30 万元以下的罚款；情节严重的，责令停业整顿，并处 30 万元以上 50 万元以下的罚款；造成损失的，依法承担赔偿责任。违反本条例规定，抗震性能鉴定机构出具虚假鉴定结果的，责令改正，处 10 万元以上 30 万元以下的罚款；情节严重的，责令停业整顿，并处 30 万元以上 50 万元以下的罚款，吊销负有直接责任的注册执业人员的执业资格证书，其直接负责的主管人员和其他直接责任人员终身禁止从事抗震性能鉴定业务；造成损失的，依法承担赔偿责任。

第四十六条　违反本条例规定，擅自变动、损坏或者拆除建设工程抗震构件、隔震沟、隔震缝、隔震减震装置及隔震标识的，责令停止违法行为，恢复原状或者采取其他补救措施，对个人处 5 万元以上 10 万元以下的罚款，对单位处 10 万元以上 30 万元以下的罚款；造成损失的，依法承担赔偿责任。

第四十七条　依照本条例规定，给予单位罚款处罚的，对其直接负责的主管人员和其他直接责任人员处单位罚款数额 5% 以上 10% 以下的罚款。

本条例规定的降低资质等级或者吊销资质证书的行政处罚，由颁发资质证书的机关决定；其他行政处罚，由住房和城乡建设主管部门或者其他有关监督管理部门依照法定职权决定。

第四十八条　违反本条例规定，构成犯罪的，依法追究刑事责任。

第八章　附则

第四十九条　本条例下列用语的含义：

（一）建设工程：主要包括土木工程、建筑工程、线路管道和设备安装工程等。

（二）抗震设防强制性标准：是指包括抗震设防类别、抗震性能要求和抗震设防措施等内容的工程建设强制性标准。

（三）地震时使用功能不能中断或者需要尽快恢复的建设工程：是指发生地震后提供应急医疗、供水、供电、交通、通信等保障或者应急指挥、避难疏散功能的建设工程。

（四）高烈度设防地区：是指抗震设防烈度为 8 度及以上的地区。

（五）地震重点监视防御区：是指未来 5 至 10 年内存在发生破坏性地震危险或者受破坏性地震影响，可能造成严重的地震灾害损失的地区和城市。

第五十条　抢险救灾及其他临时性建设工程不适用本条例。

军事建设工程的抗震管理，中央军事委员会另有规定的，适用有关规定。

第五十一条　本条例自 2021 年 9 月 1 日起施行。

附录6 中华人民共和国认证认可条例

（2003年9月3日中华人民共和国国务院令第390号公布，根据2016年2月6日《国务院关于修改部分行政法规的决定》第一次修订，根据2020年11月29日《国务院关于修改和废止部分行政法规的决定》第二次修订）

第一章 总则

第一条 为了规范认证认可活动，提高产品、服务的质量和管理水平，促进经济和社会的发展，制定本条例。

第二条 本条例所称认证，是指由认证机构证明产品、服务、管理体系符合相关技术规范、相关技术规范的强制性要求或者标准的合格评定活动。

本条例所称认可，是指由认可机构对认证机构、检查机构、实验室以及从事评审、审核等认证活动人员的能力和执业资格，予以承认的合格评定活动。

第三条 在中华人民共和国境内从事认证认可活动，应当遵守本条例。

第四条 国家实行统一的认证认可监督管理制度。

国家对认证认可工作实行在国务院认证认可监督管理部门统一管理、监督和综合协调下，各有关方面共同实施的工作机制。

第五条 国务院认证认可监督管理部门应当依法对认证培训机构、认证咨询机构的活动加强监督管理。

第六条 认证认可活动应当遵循客观独立、公开公正、诚实信用的原则。

第七条 国家鼓励平等互利地开展认证认可国际互认活动。认证认可国际互认活动不得损害国家安全和社会公共利益。

第八条 从事认证认可活动的机构及其人员，对其所知悉的国家秘密和商业秘密负有保密义务。

第二章 认证机构

第九条 取得认证机构资质，应当经国务院认证认可监督管理部门批准，并在批准范围内从事认证活动。未经批准，任何单位和个人不得从事认证活动。

第十条 取得认证机构资质，应当符合下列条件：

（一）取得法人资格；

（二）有固定的场所和必要的设施；

（三）有符合认证认可要求的管理制度；

（四）注册资本不得少于人民币300万元；

（五）有10名以上相应领域的专职认证人员。

从事产品认证活动的认证机构，还应当具备与从事相关产品认证活动相适应的检测、检查等技术能力。

第十一条 认证机构资质的申请和批准程序：

（一）认证机构资质的申请人，应当向国务院认证认可监督管理部门提出书面申请，并提交符合本条例第十条规定条件的证明文件；

（二）国务院认证认可监督管理部门自受理认证机构资质申请之日起 45 日内，应当作出是否批准的决定。涉及国务院有关部门职责的，应当征求国务院有关部门的意见。决定批准的，向申请人出具批准文件，决定不予批准的，应当书面通知申请人，并说明理由。

国务院认证认可监督管理部门应当公布依法取得认证机构资质的企业名录。

第十二条 境外认证机构在中华人民共和国境内设立代表机构，须向市场监督管理部门依法办理登记手续后，方可从事与所从属机构的业务范围相关的推广活动，但不得从事认证活动。

境外认证机构在中华人民共和国境内设立代表机构的登记，按照有关外商投资法律、行政法规和国家有关规定办理。

第十三条 认证机构不得与行政机关存在利益关系。

认证机构不得接受任何可能对认证活动的客观公正产生影响的资助；不得从事任何可能对认证活动的客观公正产生影响的产品开发、营销等活动。

认证机构不得与认证委托人存在资产、管理方面的利益关系。

第十四条 认证人员从事认证活动，应当在一个认证机构执业，不得同时在两个以上认证机构执业。

第十五条 向社会出具具有证明作用的数据和结果的检查机构、实验室，应当具备有关法律、行政法规规定的基本条件和能力，并依法经认定后，方可从事相应活动，认定结果由国务院认证认可监督管理部门公布。

第三章 认证

第十六条 国家根据经济和社会发展的需要，推行产品、服务、管理体系认证。

第十七条 认证机构应当按照认证基本规范、认证规则从事认证活动。认证基本规范、认证规则由国务院认证认可监督管理部门制定；涉及国务院有关部门职责的，国务院认证认可监督管理部门应当会同国务院有关部门制定。

属于认证新领域，前款规定的部门尚未制定认证规则的，认证机构可以自行制定认证规则，并报国务院认证认可监督管理部门备案。

第十八条 任何法人、组织和个人可以自愿委托依法设立的认证机构进行产品、服务、管理体系认证。

第十九条 认证机构不得以委托人未参加认证咨询或者认证培训等为理由，拒绝提供本认证机构业务范围内的认证服务，也不得向委托人提出与认证活动无关的要求或者限制条件。

第二十条 认证机构应当公开认证基本规范、认证规则、收费标准等信息。

第二十一条 认证机构以及与认证有关的检查机构、实验室从事认证以及与认证有关的检查、检测活动，应当完成认证基本规范、认证规则规定的程序，确保认证、检查、检测的完整、客观、真实，不得增加、减少、遗漏程序。

认证机构以及与认证有关的检查机构、实验室应当对认证、检查、检测过程作出完整记录，归档留存。

第二十二条　认证机构及其认证人员应当及时作出认证结论，并保证认证结论的客观、真实。认证结论经认证人员签字后，由认证机构负责人签署。

认证机构及其认证人员对认证结果负责。

第二十三条　认证结论为产品、服务、管理体系符合认证要求的，认证机构应当及时向委托人出具认证证书。

第二十四条　获得认证证书的，应当在认证范围内使用认证证书和认证标志，不得利用产品、服务认证证书、认证标志和相关文字、符号，误导公众认为其管理体系已通过认证，也不得利用管理体系认证证书、认证标志和相关文字、符号，误导公众认为其产品、服务已通过认证。

第二十五条　认证机构可以自行制定认证标志。认证机构自行制定的认证标志的式样、文字和名称，不得违反法律、行政法规的规定，不得与国家推行的认证标志相同或者近似，不得妨碍社会管理，不得有损社会道德风尚。

第二十六条　认证机构应当对其认证的产品、服务、管理体系实施有效的跟踪调查，认证的产品、服务、管理体系不能持续符合认证要求的，认证机构应当暂停其使用直至撤销认证证书，并予公布。

第二十七条　为了保护国家安全、防止欺诈行为、保护人体健康或者安全、保护动植物生命或者健康、保护环境，国家规定相关产品必须经过认证的，应当经过认证并标注认证标志后，方可出厂、销售、进口或者在其他经营活动中使用。

第二十八条　国家对必须经过认证的产品，统一产品目录，统一技术规范的强制性要求、标准和合格评定程序，统一标志，统一收费标准。

统一的产品目录（以下简称目录）由国务院认证认可监督管理部门会同国务院有关部门制定、调整，由国务院认证认可监督管理部门发布，并会同有关方面共同实施。

第二十九条　列入目录的产品，必须经国务院认证认可监督管理部门指定的认证机构进行认证。

列入目录产品的认证标志，由国务院认证认可监督管理部门统一规定。

第三十条　列入目录的产品，涉及进出口商品检验目录的，应当在进出口商品检验时简化检验手续。

第三十一条　国务院认证认可监督管理部门指定的从事列入目录产品认证活动的认证机构以及与认证有关的实验室（以下简称指定的认证机构、实验室），应当是长期从事相关业务、无不良记录，且已经依照本条例的规定取得认可、具备从事相关认证活动能力的机构。国务院认证认可监督管理部门指定从事列入目录产品认证活动的认证机构，应当确保在每一列入目录产品领域至少指定两家符合本条例规定条件的机构。

国务院认证认可监督管理部门指定前款规定的认证机构、实验室，应当事先公布有关信息，并组织在相关领域公认的专家组成专家评审委员会，对符合前款规定要求的认证机构、实验室进行评审；经评审并征求国务院有关部门意见后，按照资源合理利用、公平竞争和便利、有效的原则，在公布的时间内作出决定。

第三十二条　国务院认证认可监督管理部门应当公布指定的认证机构、实验室名录及指定的业务范围。

未经指定的认证机构、实验室不得从事列入目录产品的认证以及与认证有关的检查、检测活动。

第三十三条　列入目录产品的生产者或者销售者、进口商，均可自行委托指定的认证机构进行认证。

第三十四条　指定的认证机构、实验室应当在指定业务范围内，为委托人提供方便、及时的认证、检查、检测服务，不得拖延，不得歧视、刁难委托人，不得牟取不当利益。

指定的认证机构不得向其他机构转让指定的认证业务。

第三十五条　指定的认证机构、实验室开展国际互认活动，应当在国务院认证认可监督管理部门或者经授权的国务院有关部门对外签署的国际互认协议框架内进行。

第四章　认可

第三十六条　国务院认证认可监督管理部门确定的认可机构（以下简称认可机构），独立开展认可活动。

除国务院认证认可监督管理部门确定的认可机构外，其他任何单位不得直接或者变相从事认可活动。其他单位直接或者变相从事认可活动的，其认可结果无效。

第三十七条　认证机构、检查机构、实验室可以通过认可机构的认可，以保证其认证、检查、检测能力持续、稳定地符合认可条件。

第三十八条　从事评审、审核等认证活动的人员，应当经认可机构注册后，方可从事相应的认证活动。

第三十九条　认可机构应当具有与其认可范围相适应的质量体系，并建立内部审核制度，保证质量体系的有效实施。

第四十条　认可机构根据认可的需要，可以选聘从事认可评审活动的人员。从事认可评审活动的人员应当是相关领域公认的专家，熟悉有关法律、行政法规以及认可规则和程序，具有评审所需要的良好品德、专业知识和业务能力。

第四十一条　认可机构委托他人完成与认可有关的具体评审业务的，由认可机构对评审结论负责。

第四十二条　认可机构应当公开认可条件、认可程序、收费标准等信息。

认可机构受理认可申请，不得向申请人提出与认可活动无关的要求或者限制条件。

第四十三条　认可机构应当在公布的时间内，按照国家标准和国务院认证认可监督管理部门的规定，完成对认证机构、检查机构、实验室的评审，作出是否给予认可的决定，并对认可过程作出完整记录，归档留存。认可机构应当确保认可的客观公正和完整有效，并对认可结论负责。

认可机构应当向取得认可的认证机构、检查机构、实验室颁发认可证书，并公布取得认可的认证机构、检查机构、实验室名录。

第四十四条　认可机构应当按照国家标准和国务院认证认可监督管理部门的规定，对从事评审、审核等认证活动的人员进行考核，考核合格的，予以注册。

第四十五条　认可证书应当包括认可范围、认可标准、认可领域和有效期限。

第四十六条　取得认可的机构应当在取得认可的范围内使用认可证书和认可标志。取得认可的机构不当使用认可证书和认可标志的，认可机构应当暂停其使用直至撤销认可证书，并予公布。

第四十七条　认可机构应当对取得认可的机构和人员实施有效的跟踪监督，定期对取得认可的机构进行复评审，以验证其是否持续符合认可条件。取得认可的机构和人员不再符合认可条件的，认可机构应当撤销认可证书，并予公布。

取得认可的机构的从业人员和主要负责人、设施、自行制定的认证规则等与认可条件相关的情况发生变化的，应当及时告知认可机构。

第四十八条　认可机构不得接受任何可能对认可活动的客观公正产生影响的资助。

第四十九条　境内的认证机构、检查机构、实验室取得境外认可机构认可的，应当向国务院认证认可监督管理部门备案。

第五章　监督管理

第五十条　国务院认证认可监督管理部门可以采取组织同行评议，向被认证企业征求意见，对认证活动和认证结果进行抽查，要求认证机构以及与认证有关的检查机构、实验室报告业务活动情况的方式，对其遵守本条例的情况进行监督。发现有违反本条例行为的，应当及时查处，涉及国务院有关部门职责的，应当及时通报有关部门。

第五十一条　国务院认证认可监督管理部门应当重点对指定的认证机构、实验室进行监督，对其认证、检查、检测活动进行定期或者不定期的检查。指定的认证机构、实验室，应当定期向国务院认证认可监督管理部门提交报告，并对报告的真实性负责；报告应当对从事列入目录产品认证、检查、检测活动的情况作出说明。

第五十二条　认可机构应当定期向国务院认证认可监督管理部门提交报告，并对报告的真实性负责；报告应当对认可机构执行认可制度的情况、从事认可活动的情况、从业人员的工作情况作出说明。

国务院认证认可监督管理部门应当对认可机构的报告作出评价，并采取查阅认可活动档案资料、向有关人员了解情况等方式，对认可机构实施监督。

第五十三条　国务院认证认可监督管理部门可以根据认证认可监督管理的需要，就有关事项询问认可机构、认证机构、检查机构、实验室的主要负责人，调查了解情况，给予告诫，有关人员应当积极配合。

第五十四条　县级以上地方人民政府市场监督管理部门在国务院认证认可监督管理部门的授权范围内，依照本条例的规定对认证活动实施监督管理。

国务院认证认可监督管理部门授权的县级以上地方人民政府市场监督管理部门，以下称地方认证监督管理部门。

第五十五条　任何单位和个人对认证认可违法行为，有权向国务院认证认可监督管理部门和地方认证监督管理部门举报。国务院认证认可监督管理部门和地方认证监督管理部门应当及时调查处理，并为举报人保密。

第六章　法律责任

第五十六条　未经批准擅自从事认证活动的，予以取缔，处 10 万元以上 50 万元以下的罚款，有违法所得的，没收违法所得。

第五十七条　境外认证机构未经登记在中华人民共和国境内设立代表机构的，予以取缔，处 5 万元以上 20 万元以下的罚款。

经登记设立的境外认证机构代表机构在中华人民共和国境内从事认证活动的，责令改正，处 10 万元以上 50 万元以下的罚款，有违法所得的，没收违法所得；情节严重的，撤销批准文件，并予公布。

第五十八条　认证机构接受可能对认证活动的客观公正产生影响的资助，或者从事可能对认证活动的客观公正产生影响的产品开发、营销等活动，或者与认证委托人存在资产、管理方面的利益关系的，责令停业整顿；情节严重的，撤销批准文件，并予公布；有违法所得的，没收违法所得；构成犯罪的，依法追究刑事责任。

第五十九条　认证机构有下列情形之一的，责令改正，处 5 万元以上 20 万元以下的罚款，有违法所得的，没收违法所得；情节严重的，责令停业整顿，直至撤销批准文件，并予公布：

（一）超出批准范围从事认证活动的；

（二）增加、减少、遗漏认证基本规范、认证规则规定的程序的；

（三）未对其认证的产品、服务、管理体系实施有效的跟踪调查，或者发现其认证的产品、服务、管理体系不能持续符合认证要求，不及时暂停其使用或者撤销认证证书并予公布的；

（四）聘用未经认可机构注册的人员从事认证活动的。

与认证有关的检查机构、实验室增加、减少、遗漏认证基本规范、认证规则规定的程序的，依照前款规定处罚。

第六十条　认证机构有下列情形之一的，责令限期改正；逾期未改正的，处 2 万元以上 10 万元以下的罚款：

（一）以委托人未参加认证咨询或者认证培训等为理由，拒绝提供本认证机构业务范围内的认证服务，或者向委托人提出与认证活动无关的要求或者限制条件的；

（二）自行制定的认证标志的式样、文字和名称，与国家推行的认证标志相同或者近似，或者妨碍社会管理，或者有损社会道德风尚的；

（三）未公开认证基本规范、认证规则、收费标准等信息的；

（四）未对认证过程作出完整记录，归档留存的；

（五）未及时向其认证的委托人出具认证证书的。

与认证有关的检查机构、实验室未对与认证有关的检查、检测过程作出完整记录，归档留存的，依照前款规定处罚。

第六十一条　认证机构出具虚假的认证结论，或者出具的认证结论严重失实的，撤销批准文件，并予公布；对直接负责的主管人员和负有直接责任的认证人员，撤销其执业资格；构成犯罪的，依法追究刑事责任；造成损害的，认证机构应当承担相应的赔偿责任。

指定的认证机构有前款规定的违法行为的，同时撤销指定。

第六十二条　认证人员从事认证活动，不在认证机构执业或者同时在两个以上认证机构执业的，责令改正，给予停止执业 6 个月以上 2 年以下的处罚，仍不改正的，撤销其执业资格。

第六十三条　认证机构以及与认证有关的实验室未经指定擅自从事列入目录产品的认

证以及与认证有关的检查、检测活动的，责令改正，处 10 万元以上 50 万元以下的罚款，有违法所得的，没收违法所得。

认证机构未经指定擅自从事列入目录产品的认证活动的，撤销批准文件，并予公布。

第六十四条　指定的认证机构、实验室超出指定的业务范围从事列入目录产品的认证以及与认证有关的检查、检测活动的，责令改正，处 10 万元以上 50 万元以下的罚款，有违法所得的，没收违法所得；情节严重的，撤销指定直至撤销批准文件，并予公布。

指定的认证机构转让指定的认证业务的，依照前款规定处罚。

第六十五条　认证机构、检查机构、实验室取得境外认可机构认可，未向国务院认证认可监督管理部门备案的，给予警告，并予公布。

第六十六条　列入目录的产品未经认证，擅自出厂、销售、进口或者在其他经营活动中使用的，责令改正，处 5 万元以上 20 万元以下的罚款，有违法所得的，没收违法所得。

第六十七条　认可机构有下列情形之一的，责令改正；情节严重的，对主要负责人和负有责任的人员撤职或者解聘：

（一）对不符合认可条件的机构和人员予以认可的；

（二）发现取得认可的机构和人员不符合认可条件，不及时撤销认可证书，并予公布的；

（三）接受可能对认可活动的客观公正产生影响的资助的。

被撤职或者解聘的认可机构主要负责人和负有责任的人员，自被撤职或者解聘之日起 5 年内不得从事认可活动。

第六十八条　认可机构有下列情形之一的，责令改正；对主要负责人和负有责任的人员给予警告：

（一）受理认可申请，向申请人提出与认可活动无关的要求或者限制条件的；

（二）未在公布的时间内完成认可活动，或者未公开认可条件、认可程序、收费标准等信息的；

（三）发现取得认可的机构不当使用认可证书和认可标志，不及时暂停其使用或者撤销认可证书并予公布的；

（四）未对认可过程作出完整记录，归档留存的。

第六十九条　国务院认证认可监督管理部门和地方认证监督管理部门及其工作人员，滥用职权、徇私舞弊、玩忽职守，有下列行为之一的，对直接负责的主管人员和其他直接责任人员，依法给予降级或者撤职的行政处分；构成犯罪的，依法追究刑事责任：

（一）不按照本条例规定的条件和程序，实施批准和指定的；

（二）发现认证机构不再符合本条例规定的批准或者指定条件，不撤销批准文件或者指定的；

（三）发现指定的实验室不再符合本条例规定的指定条件，不撤销指定的；

（四）发现认证机构以及与认证有关的检查机构、实验室出具虚假的认证以及与认证有关的检查、检测结论或者出具的认证以及与认证有关的检查、检测结论严重失实，不予查处的；

（五）发本条例规定的其他认证认可违法行为，不予查处的。

第七十条　伪造、冒用、买卖认证标志或者认证证书的，依照《中华人民共和国产品质量法》等法律的规定查处。

第七十一条　本条例规定的行政处罚，由国务院认证认可监督管理部门或者其授权的地方认证监督管理部门按照各自职责实施。法律、其他行政法规另有规定的，依照法律、其他行政法规的规定执行。

第七十二条　认证人员自被撤销执业资格之日起 5 年内，认可机构不再受理其注册申请。

第七十三条　认证机构未对其认证的产品实施有效的跟踪调查，或者发现其认证的产品不能持续符合认证要求，不及时暂停或者撤销认证证书和要求其停止使用认证标志给消费者造成损失的，与生产者、销售者承担连带责任。

第七章　附则

第七十四条　药品生产、经营企业质量管理规范认证，实验动物质量合格认证，军工产品的认证，以及从事军工产品校准、检测的实验室及其人员的认可，不适用本条例。

依照本条例经批准的认证机构从事矿山、危险化学品、烟花爆竹生产经营单位管理体系认证，由国务院安全生产监督管理部门结合安全生产的特殊要求组织；从事矿山、危险化学品、烟花爆竹生产经营单位安全生产综合评价的认证机构，经国务院安全生产监督管理部门推荐，方可取得认可机构的认可。

第七十五条　认证认可收费，应当符合国家有关价格法律、行政法规的规定。

第七十六条　认证培训机构、认证咨询机构的管理办法由国务院认证认可监督管理部门制定。

第七十七条　本条例自 2003 年 11 月 1 日起施行。1991 年 5 月 7 日国务院发布的《中华人民共和国产品质量认证管理条例》同时废止。

附录7 检验检测机构资质认定管理办法

（2015年4月9日国家质量监督检验检疫总局令第163号公布，根据2021年4月2日《国家市场监督管理总局关于废止和修改部分规章的决定》修改）

第一章 总则

第一条 为了规范检验检测机构资质认定工作，优化准入程序，根据《中华人民共和国计量法》及其实施细则、《中华人民共和国认证认可条例》等法律、行政法规的规定，制定本办法。

第二条 本办法所称检验检测机构，是指依法成立，依据相关标准或者技术规范，利用仪器设备、环境设施等技术条件和专业技能，对产品或者法律法规规定的特定对象进行检验检测的专业技术组织。

本办法所称资质认定，是指市场监督管理部门依照法律、行政法规规定，对向社会出具具有证明作用的数据、结果的检验检测机构的基本条件和技术能力是否符合法定要求实施的评价许可。

第三条 在中华人民共和国境内对检验检测机构实施资质认定，应当遵守本办法。法律、行政法规对检验检测机构资质认定另有规定的，依照其规定。

第四条 国家市场监督管理总局（以下简称市场监管总局）主管全国检验检测机构资质认定工作，并负责检验检测机构资质认定的统一管理、组织实施、综合协调工作。省级市场监督管理部门负责本行政区域内检验检测机构的资质认定工作。

第五条 法律、行政法规规定应当取得资质认定的事项清单，由市场监管总局制定并公布，并根据法律、行政法规的调整实行动态管理。

第六条 市场监管总局依据国家有关法律法规和标准、技术规范的规定，制定检验检测机构资质认定基本规范、评审准则以及资质认定证书和标志的式样，并予以公布。

第七条 检验检测机构资质认定工作应当遵循统一规范、客观公正、科学准确、公平公开、便利高效的原则。

第二章 资质认定条件和程序

第八条 国务院有关部门以及相关行业主管部门依法成立的检验检测机构，其资质认定由市场监管总局负责组织实施；其他检验检测机构的资质认定，由其所在行政区域的省级市场监督管理部门负责组织实施。

第九条 申请资质认定的检验检测机构应当符合以下条件：

（一）依法成立并能够承担相应法律责任的法人或者其他组织；

（二）具有与其从事检验检测活动相适应的检验检测技术人员和管理人员；

（三）具有固定的工作场所，工作环境满足检验检测要求；

（四）具备从事检验检测活动所必需的检验检测设备设施；

（五）具有并有效运行保证其检验检测活动独立、公正、科学、诚信的管理体系；

（六）符合有关法律法规或者标准、技术规范规定的特殊要求。

第十条　检验检测机构资质认定程序分为一般程序和告知承诺程序。除法律、行政法规或者国务院规定必须采用一般程序或者告知承诺程序的外，检验检测机构可以自主选择资质认定程序。检验检测机构资质认定推行网上审批，有条件的市场监督管理部门可以颁发资质认定电子证书。

第十一条　检验检测机构资质认定一般程序：

（一）申请资质认定的检验检测机构（以下简称申请人），应当向市场监管总局或者省级市场监督管理部门（以下统称资质认定部门）提交书面申请和相关材料，并对其真实性负责；

（二）资质认定部门应当对申请人提交的申请和相关材料进行初审，自收到申请之日起5个工作日内作出受理或者不予受理的决定，并书面告知申请人；

（三）资质认定部门自受理申请之日起，应当在30个工作日内，依据检验检测机构资质认定基本规范、评审准则的要求，完成对申请人的技术评审。技术评审包括书面审查和现场评审（或者远程评审）。技术评审时间不计算在资质认定期限内，资质认定部门应当将技术评审时间告知申请人。由于申请人整改或者其它自身原因导致无法在规定时间内完成的情况除外；

（四）资质认定部门自收到技术评审结论之日起，应当在10个工作日内，作出是否准予许可的决定。准予许可的，自作出决定之日起7个工作日内，向申请人颁发资质认定证书。不予许可的，应当书面通知申请人，并说明理由。

第十二条　采用告知承诺程序实施资质认定的，按照市场监管总局有关规定执行。资质认定部门作出许可决定前，申请人有合理理由的，可以撤回告知承诺申请。告知承诺申请撤回后，申请人再次提出申请的，应当按照一般程序办理。

第十三条　资质认定证书有效期为6年。需要延续资质认定证书有效期的，应当在其有效期届满3个月前提出申请。资质认定部门根据检验检测机构的申请事项、信用信息、分类监管等情况，采取书面审查、现场评审（或者远程评审）的方式进行技术评审，并作出是否准予延续的决定。对上一许可周期内无违反市场监管法律、法规、规章行为的检验检测机构，资质认定部门可以采取书面审查方式，对于符合要求的，予以延续资质认定证书有效期。

第十四条　有下列情形之一的，检验检测机构应当向资质认定部门申请办理变更手续：

（一）机构名称、地址、法人性质发生变更的；

（二）法定代表人、最高管理者、技术负责人、检验检测报告授权签字人发生变更的；

（三）资质认定检验检测项目取消的；

（四）检验检测标准或者检验检测方法发生变更的；

（五）依法需要办理变更的其他事项。

检验检测机构申请增加资质认定检验检测项目或者发生变更的事项影响其符合资质认定条件和要求的，依照本办法第十条规定的程序实施。

第十五条　资质认定证书内容包括：发证机关、获证机构名称和地址、检验检测能力范围、有效期限、证书编号、资质认定标志。检验检测机构资质认定标志，由 China Inspection Body and Laboratory Mandatory Approval 的英文缩写 CMA 形成的图案和资质认定证书编号组成。式样如下：

第十六条　外方投资者在中国境内依法成立的检验检测机构，申请资质认定时，除应当符合本办法第九条规定的资质认定条件外，还应当符合我国外商投资法律法规的有关规定。

第十七条　检验检测机构依法设立的从事检验检测活动的分支机构，应当依法取得资质认定后，方可从事相关检验检测活动。资质认定部门可以根据具体情况简化技术评审程序、缩短技术评审时间。

第十八条　检验检测机构应当定期审查和完善管理体系，保证其基本条件和技术能力能够持续符合资质认定条件和要求，并确保质量管理措施有效实施。检验检测机构不再符合资质认定条件和要求的，不得向社会出具具有证明作用的检验检测数据和结果。

第十九条　检验检测机构应当在资质认定证书规定的检验检测能力范围内，依据相关标准或者技术规范规定的程序和要求，出具检验检测数据、结果。

第二十条　检验检测机构不得转让、出租、出借资质认定证书或者标志；不得伪造、变造、冒用资质认定证书或者标志；不得使用已经过期或者被撤销、注销的资质认定证书或者标志。

第二十一条　检验检测机构向社会出具具有证明作用的检验检测数据、结果的，应当在其检验检测报告上标注资质认定标志。

第二十二条　资质认定部门应当在其官方网站上公布取得资质认定的检验检测机构信息，并注明资质认定证书状态。

第二十三条　因应对突发事件等需要，资质认定部门可以公布符合应急工作要求的检验检测机构名录及相关信息，允许相关检验检测机构临时承担应急工作。

第三章　技术评审管理

第二十四条　资质认定部门根据技术评审需要和专业要求，可以自行或者委托专业技术评价机构组织实施技术评审。资质认定部门或者其委托的专业技术评价机构组织现场评审（或者远程评审）时，应当指派两名以上与技术评审内容相适应的评审人员组成评审组，并确定评审组组长。必要时，可以聘请相关技术专家参加技术评审。

第二十五条　评审组应当严格按照资质认定基本规范、评审准则开展技术评审活动，在规定时间内出具技术评审结论。专业技术评价机构、评审组应当对其承担的技术评审活动和技术评审结论的真实性、符合性负责，并承担相应法律责任。

第二十六条　评审组在技术评审中发现有不符合要求的，应当书面通知申请人限期整改，整改期限不得超过 30 个工作日。逾期未完成整改或者整改后仍不符合要求的，相应评审项目应当判定为不合格。评审组在技术评审中发现申请人存在违法行为的，应当及时向资质认定部门报告。

第二十七条　资质认定部门应当建立并完善评审人员专业技能培训、考核、使用和监督制度。

第二十八条　资质认定部门应当对技术评审活动进行监督，建立责任追究机制。资质认定部门委托专业技术评价机构组织技术评审的，应当对专业技术评价机构及其组织的技术评审活动进行监督。

第二十九条　专业技术评价机构、评审人员在评审活动中有下列情形之一的，资质认定部门可以根据情节轻重，对其进行约谈、暂停直至取消委托其从事技术评审活动：

（一）未按照资质认定基本规范、评审准则规定的要求和时间实施技术评审的；

（二）对同一检验检测机构既从事咨询又从事技术评审的；

（三）与所评审的检验检测机构有利害关系或者其评审可能对公正性产生影响，未进行回避的；

（四）透露工作中所知悉的国家秘密、商业秘密或者技术秘密的；

（五）向所评审的检验检测机构谋取不正当利益的；

（六）出具虚假或者不实的技术评审结论的。

第四章　监督检查

第三十条　市场监管总局对省级市场监督管理部门实施的检验检测机构资质认定工作进行监督和指导。

第三十一条　检验检测机构有下列情形之一的，资质认定部门应当依法办理注销手续：

（一）资质认定证书有效期届满，未申请延续或者依法不予延续批准的；

（二）检验检测机构依法终止的；

（三）检验检测机构申请注销资质认定证书的；

（四）法律、法规规定应当注销的其他情形。

第三十二条　以欺骗、贿赂等不正当手段取得资质认定的，资质认定部门应当依法撤销资质认定。被撤销资质认定的检验检测机构，三年内不得再次申请资质认定。

第三十三条　检验检测机构申请资质认定时提供虚假材料或者隐瞒有关情况的，资质认定部门应当不予受理或者不予许可。检验检测机构在一年内不得再次申请资质认定。

第三十四条　检验检测机构未依法取得资质认定，擅自向社会出具具有证明作用的数据、结果的，依照法律、法规的规定执行；法律、法规未作规定的，由县级以上市场监督管理部门责令限期改正，处 3 万元罚款。

第三十五条　检验检测机构有下列情形之一的，由县级以上市场监督管理部门责令限期改正；逾期未改正或者改正后仍不符合要求的，处 1 万元以下罚款。

（一）未按照本办法第十四条规定办理变更手续的；

（二）未按照本办法第二十一条规定标注资质认定标志的。

第三十六条　检验检测机构有下列情形之一的，法律、法规对撤销、吊销、取消检验检测资质或者证书等有行政处罚规定的，依照法律、法规的规定执行；法律、法规未作规定的，由县级以上市场监督管理部门责令限期改正，处 3 万元罚款：

（一）基本条件和技术能力不能持续符合资质认定条件和要求,擅自向社会出具具有证明作用的检验检测数据、结果的;

（二）超出资质认定证书规定的检验检测能力范围,擅自向社会出具具有证明作用的数据、结果的。

第三十七条　检验检测机构违反本办法规定，转让、出租、出借资质认定证书或者标志，伪造、变造、冒用资质认定证书或者标志，使用已经过期或者被撤销、注销的资质认定证书或者标志的，由县级以上市场监督管理部门责令改正，处 3 万元以下罚款。

第三十八条　对资质认定部门、专业技术评价机构以及相关评审人员的违法违规行为，任何单位和个人有权举报。相关部门应当依据各自职责及时处理，并为举报人保密。

第三十九条　从事资质认定的工作人员，在工作中滥用职权、玩忽职守、徇私舞弊的，依法予以处理；构成犯罪的，依法追究刑事责任。

第五章　附则

第四十条　本办法自 2015 年 8 月 1 日起施行。国家质量监督检验检疫总局于 2006 年 2 月 21 日发布的《实验室和检查机构资质认定管理办法》同时废止。

附录 8　检验检测机构监督管理办法

（2021 年 4 月 8 日国家市场监督管理总局令第 39 号公布　根据 2025 年 3 月 18 日国家市场监督管理总局令第 101 号修订）

第一条　为了加强检验检测机构监督管理工作，规范检验检测机构从业行为，营造公平有序的检验检测市场环境，依照《中华人民共和国计量法》及其实施细则、《中华人民共和国认证认可条例》等法律、行政法规，制定本办法。

第二条　在中华人民共和国境内检验检测机构从事向社会出具具有证明作用的检验检测数据、结果、报告（以下统称检验检测报告）的活动及其监督管理，适用本办法。

法律、行政法规对检验检测机构的监督管理另有规定的，依照其规定。

第三条　本办法所称检验检测机构，是指依法成立，依据相关标准等规定利用仪器设备、环境设施等技术条件和专业技能，对产品或者其他特定对象进行检验检测的专业技术组织。

第四条　国家市场监督管理总局统一负责、综合协调检验检测机构监督管理工作。

省级市场监督管理部门负责本行政区域内检验检测机构监督管理工作。

地（市）、县级市场监督管理部门负责本行政区域内检验检测机构监督检查工作。

第五条　检验检测机构及其人员应当对其出具的检验检测报告负责，依法承担民事、行政和刑事法律责任。

第六条　检验检测机构应当落实主体责任，明确法定代表人、技术负责人、授权签字人等管理人员职责，规范检验检测从业人员行为。

第七条　检验检测机构及其人员从事检验检测活动应当遵守法律、行政法规、部门规章的规定，遵循客观独立、公平公正、诚实信用原则，恪守职业道德，承担社会责任。

检验检测机构及其人员应当独立于其出具的检验检测报告所涉及的利益相关方，不受任何可能干扰其技术判断的因素影响，保证其出具的检验检测报告真实、客观、准确、完整。

第八条　从事检验检测活动的人员，不得同时在两个以上检验检测机构从业。检验检测授权签字人应当符合相关技术能力要求。

法律、行政法规对检验检测人员或者授权签字人的执业资格或者禁止从业另有规定的，依照其规定。

第九条　检验检测机构应当按照国家有关强制性规定的样品管理、仪器设备管理与使用、检验检测规程或者方法、数据传输与保存等要求进行检验检测。

检验检测机构与委托人可以对不涉及国家有关强制性规定的检验检测规程或者方法等作出约定。

第十条　检验检测机构对委托人送检的样品进行检验的，检验检测报告对样品所检项目的符合性情况负责，送检样品的代表性和真实性由委托人负责。

第十一条　需要分包检验检测项目的，检验检测机构应当分包给具备相应条件和能力的检验检测机构，并事先取得委托人对分包的检验检测项目以及拟承担分包项目的检验检测机构的同意。

检验检测机构应当在检验检测报告中注明分包的检验检测项目以及承担分包项目的检验检测机构。

第十二条　检验检测机构应当在其检验检测报告上加盖检验检测机构公章或者检验检测专用章，由授权签字人在其技术能力范围内签发。

检验检测报告用语应当符合相关要求，列明标准等技术依据。检验检测报告存在文字错误，确需更正的，检验检测机构应当按照标准等规定进行更正，并予以标注或者说明。

第十三条　检验检测机构应当对检验检测原始记录和报告进行归档留存。保存期限不少于6年。

第十四条　检验检测机构不得出具不实检验检测报告。

检验检测机构出具的检验检测报告存在下列情形之一，并且数据、结果存在错误或者无法复核的，属于不实检验检测报告：

（一）样品的采集、标识、分发、流转、制备、保存、处置不符合标准等规定，存在样品污染、混淆、损毁、性状异常改变等情形的；

（二）使用未经检定或者校准的仪器、设备、设施的；

（三）违反国家有关强制性规定的检验检测规程或者方法的；

（四）未按照标准等规定传输、保存原始数据和报告的。

第十五条　检验检测机构不得出具虚假检验检测报告。

检验检测机构出具的检验检测报告存在下列情形之一的，属于虚假检验检测报告：

（一）未经检验检测的；

（二）伪造、变造原始数据、记录，或者未按照标准等规定采用原始数据、记录的；

（三）减少、遗漏或者变更标准等规定的应当检验检测的项目，或者改变关键检验检测条件的；

（四）调换检验检测样品或者改变其原有状态进行检验检测的；

（五）伪造检验检测机构公章或者检验检测专用章，或者伪造授权签字人签名或者签发时间的。

第十六条　检验检测机构及其人员应当对其在检验检测工作中所知悉的国家秘密、商业秘密予以保密。

第十七条　检验检测机构应当在其官方网站或者以其他公开方式对其遵守法定要求、独立公正从业、履行社会责任、严守诚实信用等情况进行自我声明，并对声明内容的真实性、全面性、准确性负责。

检验检测机构应当向所在地省级市场监督管理部门报告持续符合相应条件和要求、遵守从业规范、开展检验检测活动以及统计数据等信息。

检验检测机构在检验检测活动中发现普遍存在的产品质量问题的，应当及时向市场监督管理部门报告。

第十八条　县级以上市场监督管理部门应当依据检验检测机构年度监督检查计划，随机抽取检查对象、随机选派执法检查人员开展监督检查工作。

因应对突发事件等需要,县级以上市场监督管理部门可以应急开展相关监督检查工作。

国家市场监督管理总局可以根据工作需要,委托省级市场监督管理部门开展监督检查。

第十九条　省级以上市场监督管理部门可以根据工作需要,定期组织检验检测机构能力验证工作,并公布能力验证结果。

检验检测机构应当按照要求参加前款规定的能力验证工作。

第二十条　省级市场监督管理部门可以结合风险程度、能力验证及监督检查结果、投诉举报情况等,对本行政区域内检验检测机构进行分类监管。

第二十一条　市场监督管理部门可以依法行使下列职权:

(一)进入检验检测机构进行现场检查;

(二)向检验检测机构、委托人等有关单位及人员询问、调查有关情况或者验证相关检验检测活动;

(三)查阅、复制有关检验检测原始记录、报告、发票、账簿及其他相关资料;

(四)法律、行政法规规定的其他职权。

检验检测机构应当采取自查自改措施,依法从事检验检测活动,并积极配合市场监督管理部门开展的监督检查工作。

第二十二条　县级以上地方市场监督管理部门应当定期逐级上报年度检验检测机构监督检查结果等信息,并将检验检测机构违法行为查处情况通报实施资质认定的市场监督管理部门和同级有关行业主管部门。

第二十三条　县级以上市场监督管理部门应当依法公开监督检查结果,并将检验检测机构受到的行政处罚等信息纳入国家企业信用信息公示系统等平台。

第二十四条　任何单位和个人有权向县级以上市场监督管理部门举报检验检测机构违反本办法规定的行为。

第二十五条　县级以上市场监督管理部门发现检验检测机构存在不符合本办法规定,但无需追究行政和刑事法律责任的情形的,可以采用说服教育、提醒敦促、约谈纠正等非强制性手段予以处理。

第二十六条　检验检测机构有下列情形之一的,由县级以上市场监督管理部门责令限期改正;逾期未改正或者改正后仍不符合要求的,处 3 万元以下罚款:

(一)违反本办法第九条第一款规定,进行检验检测的;

(二)违反本办法第十一条规定分包检验检测项目,或者应当注明而未注明的;

(三)违反本办法第十二条第一款规定,未在检验检测报告上加盖检验检测机构公章或者检验检测专用章,或者未经授权签字人签发或者授权签字人超出其技术能力范围签发的。

第二十七条　检验检测机构违反本办法第十四条、第十五条规定,法律、法规、规章对行政处罚有规定的,从其规定;法律、法规、规章未作规定的,由县级以上市场监督管理部门责令限期改正,通报批评,对出具不实检验检测报告的检验检测机构处五万元以下罚款,对出具虚假检验检测报告的检验检测机构处十万元以下罚款。

第二十八条　市场监督管理部门工作人员玩忽职守、滥用职权、徇私舞弊的,依法予以处理;涉嫌构成犯罪,依法需要追究刑事责任的,按照有关规定移送公安机关。

第二十九条　本办法自 2021 年 6 月 1 日起施行。